拉康派行知丛书

临床拉康

The Clinical Lacan

L A
C A N

〔法〕 若埃尔·多尔 著

吴张彰 译
班立国 校

Joël Dor

广西师范大学出版社

·桂林·

Originally published in France as：
Clinique psychanalytique by Joël Dor
© Éditions DENOËL, 1994
Current Chinese translation rights arranged through Divas International，Paris
巴黎迪法国际版权代理（www.divas-books.com）

著作权合同登记号桂图登字:20－2022－099 号

图书在版编目(CIP)数据

临床拉康／（法）若埃尔·多尔著;吴张彰译.—桂林：
广西师范大学出版社,2022.9(2024.7 重印)
（拉康派行知丛书）
ISBN 978－7－5598－5185－7

Ⅰ.①临… Ⅱ.①若… ②吴… Ⅲ.①拉康（Lacan,
Jacques 1901－1981）－精神分析－思想评论
Ⅳ.①B84－065 ②B565.59

中国版本图书馆 CIP 数据核字（2022）第 124506 号

临床拉康
LINCHUANG LAKANG

出 品 人:刘广汉　　　策划编辑:周　伟
责任编辑:李　影　　　封面设计:弓天娇
广西师范大学出版社出版发行
（广西桂林市五里店路 9 号　　邮政编码:541004
网址:http://www.bbtpress.com ）
出版人:黄轩庄
全国新华书店经销
销售热线:021－65200318　021－31260822－898
山东临沂新华印刷物流集团有限责任公司印刷
（临沂高新技术产业开发区新华路 1 号　邮政编码:276017）
开本:890 mm×1 240 mm　1/32
印张:4.375　　　　　字数:79 千
2022 年 9 月第 1 版　　2024 年 7 月第 4 次印刷
定价:39.00 元

如发现印装质量问题,影响阅读,请与出版社发行部门联系调换。

拉康派行知丛书编委会

主　编

潘　恒

副主编

张　涛　孟翔鹭

编　委

高　杰　　何逸飞　　李新雨　　骆桂莲

王润晨曦　吴张彰　徐雅珺　曾　志

总　序

　　拉康派精神分析存在着，本系列丛书《拉康临床领域》就是其证明。那些深受雅克·拉康（Jacques Lacan）影响的法国临床工作者最终在美国找到了出版机会。本系列丛书行文清晰，具备教学意义，贴近临床，因此在法国、意大利、西班牙、希腊、日本和南美地区都受到了称赞，如今来到了美国的心理治疗和学术圈子。本系列丛书涵盖多个主题，包括理论入门，神经症、倒错及精神病的临床方向，儿童精神分析，女性性的概念化，对美国文学的精神分析阅读，等等。

　　虽然所有这些作品都与临床相关，但是那些教授和运用拉康理论十多年的美国学者也会对此产生极大的兴趣。文学批评、哲学、人文科学、女性研究、电影研究和多元文化研究等学术领域终于有机会接触到一位理论家的临床洞察力，这位理论家以其对人类主体的形成的革命性见解而闻名。因此，《拉康临床领域》这套丛书，不仅向美国临床医生介绍了一种不同的精神分析观点，它还将两个彼此逐渐疏远的学术领域联系在一起。事实上，法兰克福学派（the Frankfurt School）、莱昂内尔·特里林（Lionel Trilling）、埃里希·弗洛姆（Erich Fromm）、赫伯特·马尔库塞（Herbert Marcuse）、菲利普·里夫（Philip Rieff）等促进学术界和精神分析界相互交流的时代已经一去不复返了，而在这个过程中，精神分析已经失去了一些活力。

自我心理学将精神分析带入科学领域取得的成果非常有限，这使得精神分析需要一种元心理学，它不仅能够经受住精神药理学和精神病学的致命挑战，而且能够适应认知心理学和发展心理学的研究结果。对婴儿的研究使弗洛伊德（Freud）的许多见解受到质疑，他试图用一种更具人际性或主观性的方法取代一体式心理学的尝试在精神分析界引起了分歧。许多理论家认为，要通向科学合法性，那么我们就必须在一定程度上赞同批判弗洛伊德的那些人士，他们相信无意识及其性基础只是一种异常现象。然而，精神分析仍在继续实践，根据病人和分析家的说法，其对无意识动机的发现仍旧给人一种解脱的感觉。但是，尽管自弗洛伊德去神圣化以来，不同的精神分析学派如雨后春笋般涌现，但对于为什么会出现这种解脱感，在理论上还没有达成共识。

如今，文学评论家和社会科学家对弗洛伊德的解读似乎比精神分析学家更为认真和细致。这并不完全是巧合。当精神分析学界正在寻找一种新的元心理学的时候，人文科学已经在理论上较为成熟和复杂，这使其能够在一个新的透镜下阅读弗洛伊德。结构语言学和结构人类学改变了对人类主体性的传统评价，使弗洛伊德的无意识理论获得了新的地位。拉康的学说，连同福柯（Foucault）和德里达（Derrida）的著作，在很大程度上促成了新思想的爆发，这些新思想促进了今天学术界普遍存在的跨学科运动。

就精神分析而言，这场非凡的知识革命的不利之处在于，拉康的贡献已经脱离了最初的轨迹。他的思想不再被认为是一种旨在启发精神分析实践的理论，他的精彩论述既被改编又被批评，以符合远离临床现实的纯智力付出的需要。这种状况当然有部分原因是拉康被精神分析学界开除了。此外，拉康"不可能"的风格被视为法国知识分子似乎非常喜欢的蒙昧主义文化的又一例证。

在这种背景下，《拉康临床领域》系列丛书在精神分析学界和人文科学界应该都能让人大开眼界。这一系列著作的作者主要是临床工作者，他们渴望向精神分析、精神病学、心理学和其他精神卫生学科的专业人士提供关于拉康工作的清晰而简洁的教学。他们的目标与其说是强调拉康主体性理论的全新见解及其在人类科学史上的地位，不如说是展示这一困难而复杂的思想体系如何能够促进临床工作。因此，虽然美国临床工作者将会意识到拉康派精神分析主要不是文学批评或哲学的主要内容，而是一种旨在疗愈病人精神痛苦的实践，但这是学术界首次接触到对拉康的阅读，这与迄今告知其关于拉康理论的文献形成了鲜明对比。从这个意义上说，拉康的教学回到了它们最初所属的临床现实。

此外，这一系列著作的临床取向将为文学学者和女权主义理论家对拉康的主体性概念化带来的批判性修正提供新的启示。虽然拉康因为弗洛伊德的生物决定论提供了另一种选择而受到称赞，但他也被指责在他关于性别差异的论述中仍然保留着男权中心主义。然而，这种批评可能在临床现实之外是合理的——精神分析既是文化的组成部分，也是文化的结晶——但在临床背景之下可能并不适当。因为精神分析作为一种实践，与它目前在学术话语中所起的作用截然不同。在后一种情况下，精神分析既被认为是一种培育父权信仰的意识形态，也被视为一种理论工具，用来建构不依赖于男权系统的主体这一愿景。然而，在前一种情况下，男权主义的问题失去了其政治影响力。精神分析实践只能回溯性地解开病人精神生活的构成方式，从这个意义上说，它只能揭示阳具在性别差异的心理表述中所起的作用。

因此，《拉康临床领域》系列丛书旨在消除某些偏见，这些偏见到目前为止已经影响了拉康在学术界和精神分析界的声誉。虽然这些偏见源于截然不同的原因——一个原因是拉康被认为属于父权制和反动派，另一个原因则是拉康被认为与临床现实相去甚远——但它们似乎都忽视了这样一个事实，即拉康教学的五十年间主要致力于研究和重新研究精神分析的意义和功能，它不一定是一门科学，甚至不一定是一门人文学科，但作为一种实践，它仍然可以依赖于坚实而连贯的元心理学。这种对已有概念的双重揭露不仅可以扩大治疗界和学术界各自的参照系，还可以让他们在元心理学中找到一个共同点，而元心理学已经从意想不到的人文领域获得"科学"地位。

我想用一句警示和一句保证来结束对该系列丛书的整体概述。对于试图弄清楚拉康"流派"的美国分析家来说，最大的困难之一是这些临床理论家解释他们理论观点的方式，按这种方式就好像这些观点是直接来自弗洛伊德一样。然而，"拉康的弗洛伊德"和"美国的弗洛伊德"二者之间远远不是透明的。拉康拆除了弗洛伊德的语料库，并在全新的基础上重建了它，这样新的大厦就不再像旧的样子了。与此同时，他总是以一定的风度淡化自己作为理论建构者的地位，因为他一心想要证明，尽管困难重重，他仍然忠于弗洛伊德最深刻的见解。拉康非常坚持将弗洛伊德的概念作为他的理论的原材料，第二代拉康派分析家也一直追随着他们师傅的脚步，继续严格地阅读弗洛伊德的著作，以便用新的见解扩展这个已有布局的大结构。此外，复杂的历史环境导致了他们的孤立，因此他们对法国以外的精神分析的最新发展了解有限。拉康对自我心理学以及客体关系理论的某些方面的批判观点，继续影响着这些分析家对美国精神分析的看法，并没有使他们意识到，他们对这些学派的某些疑虑与他们在美国的一些同事是一样的。因此，这种似乎对弗洛伊德矢志不渝的忠诚并不一定意味着拉康派没有超越弗洛伊德，而只是表明他们的方式与美国同行不同。虽然后者往往倾向于将他们的工作设定为对弗洛伊德的回应，但拉康的策略总是在于拯救弗洛伊德的真知灼见，并在不受生物决定论影响的背景下重新审视它们。

其次，我想重申一点，这一系列丛书的阐述风格与拉康自己的作品毫无相似之处。拉康认为，弗洛伊德那清晰的阐述和教学天赋，反倒招致了（对他理论的）曲解和过度简化，因此他自己臭名昭著的"不可能"风格，是为了比喻倾听无意识的困难。解读他艰深的著作不仅需要读者们的智力付出，也涉及他们的无意识过程；当读者—分析家在他们自己的工作中认识到文本中以神谕般的风格表达的东西时，他们就会开始理解。拉康的一些追随者延续了这一传统，他们担心清晰的阐述不会给读者的主动参与留下任何空间。其他一些追随者则强烈地感觉到，尽管拉康的观点得到了很好的理解，但没有必要无限期地延长蒙昧主义的意识形态，这种意识形态很容易落入拉康最初谴责的那些陷阱。正是这样的信念使得《拉康临床领域》系列丛书的出版成为可能。

朱迪斯·费尔·古尔维奇博士（Judith Feher Gurewich，Ph.D.）

　　毫无疑问，若埃尔·多尔（Joël Dor）的《阅读拉康导论》（*Introduction to the Reading of Lacan*）是一部高效率的著作，它系统而有力地呈现了拉康的理论体系。然而，美国临床工作者需要了解拉康派分析家在实践中实际做了什么，而这一点在拉康的复杂的作品中没有提到。为了填补这一空白，《临床拉康》（*The Clinical Lacan*）则与这部导论成为姊妹篇。本书由若埃尔·多尔给培训中的精神分析家所做的系列演讲构成，并以精神结构的诊断为中心，因此让我们能够直接触及指导拉康派精神分析实践的地标。

　　精神结构的概念（根据弗洛伊德的观点，区分为神经症、精神病和倒错）在拉康的理论中影响甚大。借助引人入胜的临床例子，多尔解释了症状（从现象学上可以把握的东西）和主体的实际精神结构（只有在精神分析情境中才能通过病人的话语来揭示）之间的关键区别。这种结构指的是一种特定的欲望模式，尽管这种欲望模式呈现出多种形态和样式，但细心的临床工作者最终也能区分癔症和强迫症，或者区分倒错和精神病。

然而在这里，《临床拉康》并不是一本专为临床工作者写的书。不限于学者，任何对精神分析感兴趣的人，都会在这些临床描述中发现许多值得深思的东西。多尔明确指出，病理学和主观性是紧密交织在一起的，因此当读者想要知道自己是何种精神结构时，也许就会感觉到自身也被卷入文本中。如多尔所言，我们每个人都处在自己的主体间世界中，都以特定方式去欲望和想要被欲望。这本书揭示了我们一生中的大部分时间都在不知不觉中摸索出的性别差异的元心理学意义。《临床拉康》忠实于精神分析的伦理，因为它严格地将自己的领域与社会现实区分开来。精神分析发现的是无意识的主体间现实，即"在我们背后"运作的动力。因此，在多尔的文本中，恋物癖、易性癖、异装癖、癔症以及强迫症从来都不是作为偏离规范的表现，而是作为欲望和构成人的主体性的特定模式。

从这个意义上说，《临床拉康》对美国精神分析和精神病学构成了挑战，因为它们最近试图修改性取向和性行为的诊断分类，以适应"政治正确"的氛围。这个挑战是双重的。首先，本书通过对比的方式揭示出，美国精神分析已经从弗洛伊德的领域转向更为现象学的取向，这一转向已然迈出很远。因为，美国精神分析根据某些行为模式和某些人格类型，将边缘型和自恋型人格障碍概念化为新的临床类别，忽视了病人的话语中表现出来的无意识动机。其次，一旦美国分析家意识到这些弗洛伊德式的精神结构，按照拉康理论的重新表述，仅仅是描绘出人类欲望可能遵循的各种路径，那么他或她可能会怀疑，癔症、强迫症以及倒错是否真的像是濒临灭绝的物种。

因此，《临床拉康》与《阅读拉康导论》为姊妹篇，因为其明确了如何将理论带到精神分析情境的现实中。长期以来，精神分析运动在美国一直被误解为过度知识化，与分析工作的日常变迁脱节。而本书率先为这一系列著作定下了基调，这一系列著作的共同目标正是给精神分析运动带来生机活力和实用价值。

朱迪斯·费尔·古尔维奇博士

目 录

引　言

　　我想要稍作解释，说出我撰写"精神结构与临床精神分析"这一主题的原因。首先，这一主题是对精神分析的一种统合取向，其围绕着"诊断"这一概念。但是，在我们面对（在我们很了解的紧急情况下）实践的变迁时，诊断这一问题立马就会让作为临床工作者的我们，陷入无意识领域中技术的两难局面。难题就在于，我们很难找到路标，找到参照点。倘若的确存在某些临床参照点，那么我们也常常会遇到这方面的困惑。

　　要完全避免这一困难是不可能的。更重要的是，我们要花时间积累临床经验，并运用一些适当的主观性的工具去处理临床上的问题。谈到这两个因素，其实没有任何一种教学可以替代这两者所获得的精神工作。但是，我们仍然可以"标出地基"。这个说法是一种隐喻，但是它也指出了我们需要一些严谨的临床指导。尽管这种指导并不优先于临床实践，然而它们是一些元心理学上的地标，其允许我们界定某些稳定的诊断分类上的实体，甚至这种分类总是基于其潜在的语境：对无意识的探究。

这些元心理学的地标包含两类：第一类很可能就出现在形成诊断（精神分析意义上的诊断）的过程中；而第二类则是我们必须坚持的那些与治疗行动及其动力有关的指导。因此，严格来说，这些参照点并不能在工作之外的你我之间传递，无法用以检验我们个人的实践情况。于是，无须多言，我在本书中并不想详尽地阐述这些地标。反而，我的任务是从结构的角度引入诊断的概念，这个角度基于对主要精神病理结构的动力学和经济学描述。这些结构包括倒错、癔症、强迫症。①

① 我略过了精神病结构，这不仅是因为其复杂性，也是因为奠定这项研究基础的系列演讲时间有限（里约热内卢，1990）。

第一部分
诊断和结构

第一章 | 精神分析中的诊断概念 [①]

让我们通过考虑弗洛伊德对诊断问题的理解来开始探讨精神病理学领域中的这一问题。早在 1895 年（即精神分析的开端），弗洛伊德就谈到了他在治疗癔症的过程中应用布洛伊尔（Breuer）的探测和宣泄疗法时遇到的一些技术困难以及他从中得出的一些重要结论（弗洛伊德和布洛伊尔，1895）。一方面，弗洛伊德写道，除非深入地进行分析，否则很难对神经症个案有一个清晰的理解。但是另一方面，他又写道，在我们能够详细地理解个案之前，我们需要建立起一种诊断，以便决定治疗的方向。换言之，就在弗洛伊德工作的开端，他便精准地指出了精神分析临床中围绕在诊断问题上的模糊性：我们需要预先形成一种诊断，以便决定治疗的进程，即便这种诊断的相关性只能在治疗开展一段时间后才能得到确证。

这一悖论正是精神分析诊断的独特之处。我们需要澄清这一概

[①] 有关这一主题的更详尽讨论，请参见多尔（Dor, 1987）。

念，并将其与医学领域中的诊断概念进行对比。医学诊断的设立基于两个标准：一是观察的标准，其旨在在一种固定的意义系统的基础上，断定某个主诉或某种疾病的本质；二是分类的标准，其允许我们在一种病理分类框架下对一种既定的病理状态进行探测。因此，医学诊断常常来源于一种双重视角，即病因学视角和区分性诊断学视角。此外，医学诊断的设定不仅仅在于建立疾病的关键性或功能性预后，还要建立最为合适的治疗手段。最后，医生在工作中拥有一个复杂的调查体系。医生首先要进行过往史的问询，以便收集病人与疾病有关的回忆；然后他会用一些技术性的、工具性的、生物学的方法进行直接检查。

而在精神分析的临床领域内，主体的结构使得这类进行诊断的方式变得不可能。分析家工作时运用的唯一一种调查技术就是倾听。由于直接检查是不可能的，因此病人提供的临床材料都是由他的话语构成的，而且从临床调查开始，这些"材料"就仅仅局限于病人说话这一动作以及他说的内容。

然而，正如我们所知，这一言说领域充斥着谎言，而且遍布着想象性的构建；事实上，幻想正是在这一领域展开的。而且也正是在这一领域中，主体会显现出他自身的盲点；他并不知道，透过自己表述的辞藻，他到底在说有关自己欲望真相的什么，因此也不知道掩盖了他欲望的症状背后潜藏了什么。因此，我们不可能根据在客观上可检验的实验数据来做出某种诊断。评估基本上是主观的，它仅仅基于病人的话语，而且由分析家的倾听所支撑。

然而，尽管这种诊断与医学诊断有着根本的差异，在主体间领域，我们还是有一些稳定可靠的指导。这并不是一个纯粹共情性互动或暗示性影响的领域；当弗洛伊德意识到，他必须避免自己的干预成为一种暗示，精神分析的特殊本质就成了一条纪律。我们完全有理由相信，精神病理主诉的一种地形学是可以被描绘出来的，这种地形学基于一种建立地标的方法，且涵盖了其客体最为基础的一些性质，即精神因果性，尤其是无意识运作的不可预测性。

诊断和选择治疗之间的逻辑关系是唯一的。尽管，这并不是像临床医学个案那样的逻辑关系问题，但是分析家也必须依靠某些稳定的元素，从而做出一种诊断，并选择相应的治疗模式。正如我们所见，倘若我们不想将之变成弗洛伊德所批判的野蛮分析，那么如此建立地标的过程，就需要我们保持极大的谨慎。

在对野蛮分析的简要研究中，弗洛伊德（1910）给出了一段精彩的论证，指出诊断中所必需的仔细，以及医学领域中基于逻辑因果的干预可能带来的危险。他向我们展示出，对"野蛮"的解释是如何源自一种操之过急的因果推理，这种推理基于一种演绎法，而这种演绎并没有考虑到表述行为与说出的内容之间的差别。然而，向病人给出的一个解释，并不是一种既定诊断带来的纯粹的、简单的逻辑结果。如果是这样，那么我们完全可以求助于一些有关精神分析治疗的技术文献，就如同很多医学学科可以在其相应领域运用那些技术手册一样。

在精神分析的早期历史中，弗洛伊德所展现的睿智，让我们能够得出有关诊断问题的一些初级结论。首先，诊断是临时的；在临床实践中，诊断这一举措从一开始就需要刻意被悬置起来，留待将来确证。在分析进展到某个点之前，我们是决不可能做出某个可靠的诊断评估的。然而，我们必须得出一个诊断，以便在一开始就确定治疗的方向。

诊断的临时性带给我们第二个结论：由于我们应对的是一个只有经历一段时间才能确证的评估，因此这种潜在可能性（至少在一段时间内）则悬置起了某种要求，即要求某个干预具有一种直接的治疗价值。第三个结论紧随着前两个，它涉及在做出有关治疗的决定或计划之前，我们所需要花费的观察时间。这些时间属于我们所谓的初期会谈，或者正如弗洛伊德（1913a）所言，这是一段试验期。但是，尽管这一初期试验是一个观察期，弗洛伊德还是指出，它仍然处在分析框架之内：

　　　　这种初期试验……本身就是精神分析的开端，而且必须遵守其规则。可能其中存在着某种区别，即在初期会谈

中，我们基本上是让病人说，并且只是为了让他继续说下去，而解释那些绝对必要的事情。（124 页）

因此，弗洛伊德强调，从一开始，我们就必须允许病人自由地言说。事实上，这也是隐藏在诊断背后的一个基本要点，因为诊断是根据病人的说话行为而非表述的内容来界定的。这需要分析家紧急动员起倾听的能力，因为倾听是诊断评估的唯一工具，因此它比起疾病分类知识和因果推理而言，更具优先性。

莫德·马诺尼（Maud Mannoni，1965）曾为这一主题贡献了一篇很好的小研究，她在其中强调了对倾听的即刻动员："这就是为什么与精神分析家进行的初次会谈所揭示的，更多的是话语如何受到歪曲，而非其实际包含的内容。"（164 页）马诺尼对初期会谈中各种进展的总体论述，与精神分析的诊断这一高度模糊但又不可回避的问题紧密相关，而弗洛伊德从一开始就向我们警示了这一问题。

第二章 | 症状、诊断及结构特征

在医学实践中，我们通常会在特定的症状和既定的诊断之间建立起一些关联。的确，治疗的成败很大程度上取决于这种关联。但是，倘若这种（症状和诊断之间）的因果关联系统有效，这是因为身体机能本身就是受同一种机制所管控的；有机体决定论的确存在。随着我们对这种决定论的认识的扩展，因果之间的关联会越来越多，因此诊断过程也越来越精密。

尽管许多医学专业都普遍接受这一原则，但其并不适用于精神分析的临床实践。二者的差异可以由特殊的决定论来解释，这种决定论在精神过程的层面起作用，即精神因果，它遵循着另一些路径。医学治疗的成功很大程度上取决于在身体中发生的因果事件的规律性和恒定性。但是，当我们涉及精神因果时，尽管其中也有一种决定论，但它遵循的却并不是同一种模式。换言之，原因的本质和结果的本质之间并没有稳定的关联。在科学领域，一种预测之所以可行，仅仅是因为它基于一种法则，这种法则便是原因和结果之间具有一种客观的、普遍的稳定关联。精神因果并不受这种法则（至少在严谨的科学中，这个术语不是严格的经验意义上的）的约束。这意味着，精神分析并不是一种真正的科学（多尔，1988），因为原因和结果之间的法则关联的缺失使得可靠的预测变得不可能。

因此，从一开始我们就必然意识到，我们所面对的情况是，我们无法在诊断的决定意义上，在精神原因和症状结果之间建立起一种非常稳定的推理逻辑。认识到这一点是非常重要的，因为它与我们通常的推理过程相悖。我们很自然就会以笛卡尔式理性的方式进行思考，这使得我们会用一种科学话语的方式将我们的解释构建到一种系统因果链上。当我们开始精神分析的工作时，会对这种基于逻辑关联的思维方式发出挑战，因此需要我们付出特定的努力。

但这并不意味着，我们所做的关联不会受到一些严格的限制；也并不是说，由于我们不受通常逻辑理性的限制，因此任何一个人的任何念头都是可行的。我们仍然要遵循一个指导思路：我们所倾听的是个人的表达。正是在言语中，我们能辨别出主体的某种结构。而只有依赖于这种结构，我们才能形成某种诊断。

症状和既定诊断之间关联的前提在于，一系列内在精神的和主体间的过程的调动，这些过程都受到无意识动力的控制。这些动力绝不可能以一种逻辑的、直接的关联形式展开，即症状的本质与体现出症状的主体的特定精神结构之间的关联。我们对这些无意识过程的认识，代表着这种直接的因果推论是不可能的。我们只能看到无意识过程的某个方面，然后意识到，我们无法从这种决定论中有任何获益。

有几个基本的例子可以支持这一观点。倘若我们回想一下弗洛伊德有关原初过程的理论，我们就能同他一起进入无意识过程那令人尴尬的逻辑核心。我们只引述其中一个方面，先看看弗洛伊德称作"冲动掉转向主体自身"这样一种"冲动的变迁"。

> 冲动掉转向主体自身，这看似合理地体现为受虐，其实就是施虐掉头转向主体自我。而暴露癖则包括了盯着自己的身体。的确，分析性观察让我们确信，受虐狂有着一种攻击自身的享乐，而暴露狂则有着（观看）自己暴露的享乐。（弗洛伊德，1915，127 页）

显然，这一过程所暗含的意义，完全废除了"症状和诊断之间具有直接的因果联系"这一观点。在症状上施虐活动的前提，则是转向自身这一相反逻辑。我们可以进一步看看这段观察的结果，并做出假设：对于无意识过程而言，这种相悖的逻辑是稳固的。因此，我们可以列出一些固定的等式：

受虐狂 / 施虐狂
暴露癖 / 偷窥癖

但是，即便这些等式是稳固的，我们也不能基于症状的展现而做出一个确切的诊断。而且，我们日常的临床经验也都在驳斥这种确切。我们可以假设，偷窥这一症状在逻辑上意味着暴露癖，即承认转向自身是一个恒定的法则。那么我们可以根据观察到的暴露癖症状，推断出倒错这一诊断吗？绝不可以。临床经验教导我们，暴露癖成分在癔症中也可以相当突出，即我们可以在癔症身上看到一种"展示"的表演倾向。

我们来看看另一个例子。有序、保洁这类症状性的活动要真正实施的时候，在某些主体身上会成为一种真正的障碍。如今，传统的弗洛伊德理论早已让我们熟知了一个观点，即这类行为源自肛门性欲成分，这种成分是强迫神经症的一种构成倾向（弗洛伊德，1908，1913b，1917a）。那么当这类症状出现时，我们可以相应地得出强迫症这一诊断吗？我们又要再次谨慎起来。临床经验又一次证明，这类症状也可以在某些癔症个案身上出现。在某些癔症女人身上，这类症状其实可以体现在关注家务上。我们很容易认识到，这种关注是"从婚姻中借来的"，即她的愿望是去预计他者的欲望。的确，一个女人很容易通过一种癔症性认同的过程，从强迫症性的男性伴侣身上借来这种症状。

这个例子再次表明，对症状的描绘与诊断分类之间并没有直接的联系。症状观察与诊断评估之间的间隙，使得我们必须从无意识过程的角度来重新思考这个问题，而我们只有借助病人的主动参与，透过言语的参与，才能直接观察到这些无意识过程。

此处，我们遇到了弗洛伊德最为基本的名言之一，这句名言出现在分析理论大厦的入口处，即"梦是通向无意识的王道"。当只有主体能被引导说出自己的梦时，这句名言才是正确的。话语才是王道。没有话语，我们无法解析无意识的运作。这就是拉康（1957）在他那著名的"回到弗洛伊德"语境中所做出的指导：

> 如今的精神分析家如何能不意识到，言说就是通向这种真理的关键，因为他的整个经验都只能在言说中找到工具、语境、材料，甚至是不确定性的背景噪音……精神分析的经验在无意识中所发现的，就是整个语言结构。（147页）

早在1956年，拉康便强调了言说在无意识经验中的重要性：

> 为了知晓分析中发生了什么，我们必须知道，言说从何而来。为了知道阻抗是什么，我们必须知道，是什么构成了言说出现的障碍……为什么要逃避这些无意识所带来的问题？
>
> 倘若所谓的自由联想能让我们触及无意识，那么这是通过类似神经反射的释放来达成的吗？
>
> 倘若我们发现，驱力处在间脑的水平，甚至来自嗅脑，那么我们如何能认为它们像语言一样被结构呢？

因为，倘若从一开始，正是在语言中，驱力的效果就为
人所知，那么它们那些我们已经知道的诡计，还是会在琐碎、
细微之处，呈现为一种语言学的方式。（461页，466页）

为了直接回到症状的问题，我们可以回忆下拉康（1953）在
"罗马演讲"中提到的一个公式："症状可以在语言的分析中完全消
解，这是因为症状本身的结构就像一种语言，因为言语必须通过语
言来传递。"（59页，英译有所修改）由于症状的形成取决于言语和
语言，因此诊断也必须考虑言语和语言，因为结构性诊断地标仅仅
存在于这一（语言和言语的）范畴中。然而，在诊断评估中，结构
性地标之所以是可靠的元素，仅仅因为我们将之与特定症状相区分。
症状这一整体只是无意识效果的产物。诊断性的探究需要我们在症
状方面找到支撑，而这处在一种主体间空间中，弗洛伊德（1912）
在其著名的电话隐喻中，将其描述为"无意识对无意识的交流"。

换言之，这种主体间空间受制于言语的展开。因此，正是在言
语的展开中，结构性诊断地标的出现成了一种突破，其意指说话者
的欲望。这些地标只是一些线索，代表着主体结构的功能。因此，
这些地标便能提供有关这种功能的信息，因为这些地标代表着欲望
动力所设定的路标。事实上，主体的特定结构，其最主要、最首要
的特征就在于欲望经济的一种先决形式，这种欲望经济遵循着模式
化的路线。这类固定的路线，就是我所谓的"结构性特质"。因此，

结构性诊断地标像是结构性特质所编码的一些索引，而这些特质本身就是欲望经济的证明。于是，倘若想搞清楚精神分析中的诊断在操作上的本质，我们就必然要区分症状和结构性特质。一切临床个案都可以展现出这种差异［我在其他地方，借用我自己对一个癔症个案的治疗，完整而详细地呈现了这点（多尔，1987）］。我们要记得，弗洛伊德坚持着一个事实，即症状总是由多重因素决定的，它直接联系着原初过程，尤其是凝缩。结果就是，症状本身呈现为一种意指性的材料，其意味比表面上要丰富得多。这就可以让我们确证拉康的一个论点：症状是一个隐喻，即一种意指性替换（多尔，1985/1996）。[1]

在同样的情况下，我们可以理解症状的本质为何仅仅具有一种意指价值，这种意指是随机且无法预测的。作为一种无意识的形成物，症状本身就是由一系列意指层构成。然而，在这种层级中，对能指的选择并不遵循任何固定的原则；这种选择是通过隐喻和换喻过程同时运作而做出的（多尔，1985/1996）。[2] 因此，构成症状的

---

[1] 编者注：在拉康看来，隐喻是一个能指代表另一个能指。因此，症状就是一种意指性替代，其需要通过联想链来解析，这条联想链又可以导向主体话语中的另一些能指。因此，症状并没有一个固定的含义，而只是弗洛伊德（1900）在《释梦》(*The Interpretation of Dreams*) 中所描绘的凝缩和移置的效果。

[2] 编者注：隐喻过程对应于弗洛伊德所谓的凝缩，换喻对应于移置。因为，根据拉康的说法，无意识像语言一样被结构，结构了语言的共时轴和历时轴可以类比于弗洛伊德所描述的凝缩和移置过程。换言之，规制语言结构的原则类似于组织无意识的原则。因此，在拉康看来，意识的话语和无意识的形成（即在症状、口误、梦、玩笑中出现的内容）都是根据语言结构的原则被组织起来的。

意指性元素仍旧直接取决于无意识幻想。然而，除了在这一无意识形成物中涉及的能指选择的相对随机性，其中也有一种不可避免的确定性，在这种确定性中，意指性材料的调配不会受到主体的觉察。这种调配的特征就是结构的功能，即欲望得到处理的具体方式。[①] 因此，诊断评估旨在识别这种处理欲望的模式，正是这种模式带来了一些稳定的、可观察到的特质。

因此，诊断问题似乎取决于一个新的问题：这些结构性特质（其前提是精神结构组织的某种稳定性）的恒常性是什么？（倘若存在这种恒常性）

[①] 编者注：分析家需要去探索病人欲望的运作模式，这缘于分析家在分析情境中所处的位置。分析的要求意味着，病人假设分析家知道他痛苦的原因。因此，在病人描述他为何要来治疗时，他的话语会透过他的辞藻、歪曲以及口误，暴露出他欲望的本质。分析家作为"假设知道的主体"占据了一个位置，这个位置在一开始就可以将转移调动起来。

第三章 | 父性功能与精神结构

每一个个体都是根据俄狄浦斯式激情，或弗洛伊德所谓的自身神经症的"选择"，而建立的精神结构。这种俄狄浦斯式的爱恋，仅仅只是对主体与阳具功能（或称"父性功能"）[1] 的关系的一种粗略表达。而这种关系不仅带来了秩序（在组织起精神结构的意义上），也带来了失序，因为精神结构的独特之处就在于，它建立后便不能改变了。那么一种秩序的代表，怎么又直接联系到失序的代表呢？我们如何理解，精神结构代表着精神经济学中的一个关键阶段，而这种经济就是精神病理失序 / 障碍（disorder）的主要原因呢？[2]

为了回答这些问题，我想重点讨论欲望经济在阳具功能的影响下，是如何带来不同类型的结构。倘若我们想较为准确地认识临床诊断，那么就必须了解这些结构类型之间的差别。在此，关于俄狄浦斯式激情的记忆是最为重要的，因为正是经过这种激情的变迁，

---

[1] 编者注：阳具功能指代的是"阳具"这一弗洛伊德式的概念。在拉康的理论中，阳具功能是主体欲望动力的组织原则。倘若在个体的幻想世界中，阳具扮演着一个想象客体的角色，而主体一开始想成为其化身，之后想拥有它（或在一个浪漫的伴侣身上寻求它），那么在象征界（即无意识领域中），阳具就成了代表丧失的能指，即两性之间互补性缺失的符号。

[2] 我在其他地方（多尔，1987）已经探讨过这个问题，我指出这可以隐喻性地类比为分子生物学中描述的自我维持的结构。

主体可以调节自身与阳具的关系，即与欲望和缺失的关联。①

　　当然，这涉及对整个俄狄浦斯动力学进行详细的回顾，俄狄浦斯动力学所体现的正是成为阳具或拥有阳具的辩证关系。也正是在这个阶段，儿童从认同母亲的阳具这一位置，转到了另一个位置，即儿童放弃这种认同，并因此接受象征性阉割。儿童倾向于要么认同一个被假设拥有阳具的主体，要么认同一个不被假设拥有阳具的主体。这发生在象征化的过程中，拉康称这种象征化为"父之名"②

———————

① 编者注：缺失（manque à être）这一概念代表着拉康的象征性阉割理论。在弗洛伊德看来，俄狄浦斯情结的消解取决于男孩的阉割恐惧和女孩的阴茎嫉妒。而在拉康看来，两性都必然经受同样的、必不可少的痛苦过程，这痛苦过程是象征性阉割所带来的。拉康将儿童对乱伦禁忌的屈服，联系到他进入语言结构的过程。人类的象征化能力取决于他对于丧失（失去与母亲的想象性的互补）的接受程度。正如黑格尔（1807/1985）所言，词是对物的谋杀。这种丧失在于我们放弃作为母亲的阳具的特权地位，从而将自己在社会世界中定位为一个"拥有阳具"或"没有阳具"的角色。遇到这个几乎不可能的挑战（拉康称之为"象征性阉割"），会给主体提供一种苦中有乐的保证，即他的欲望会永不停息，因为欲望总是取决于他者的欲望。找到阳具（在想象中）这一希望保证了两性之间的互补性，而这一希望总是会被推迟，因为阳具能指（在无意识中运作）导致欲望，恰恰是由于它是代表缺失的能指。

② 编者注：父之名（le nom du père）或父性隐喻也可以被理解为父亲的不（non）和父亲的名字（nom）。这种双关性包含着拉康对象征性阉割所理解的两个维度：消极的维度强化乱伦禁忌（父亲说："不，你不能成为母亲的阳具，即她那独一无二的欲望客体。"）；积极的维度代表着儿童登记进了世代的秩序中（作为父亲和母亲的儿子或女儿），这定位了儿童在社会世界、语言领域中的位置。拉康所谓的"父性隐喻"不仅仅代表着不／名这一双重意义，也指出了语言本身就是一个隐喻，隐喻着当儿童成为一个说话主体时不可逆转地要丧失的东西。在言说中，主体并不知道，自己在通过语言象征化他最初所渴求的客体。于是，在拉康看来，阉割不仅仅是害怕丧失或缺少阴茎。正是象征的过程，切断了母亲与孩子之间的想象性纽带，使得男孩或女孩有能力通过辞藻象征化这种丧失。因此，害怕失去阴茎或者缺乏阴茎所带来的挫折，并不基于我们的"解剖学命运"，而是基于母亲、父亲、孩子登记所在的主体间领域的动力学。

的隐喻。

我已经在拙作《阅读拉康导论》（多尔，1985/1997）中对这种俄狄浦斯辩证法进行了详细的论述。在此，我想强调俄狄浦斯动力学中的几个关键阶段，即对于主体而言的一些决定性时刻，在这些时刻，与阳具的关系调动起的欲望使得某种结构组织很有可能出现。各种精神结构（倒错、强迫、癔症、精神病）都是由这些关键阶段中的某一个所决定的。当母亲、父亲、孩子之间相互的欲望围绕着阳具客体而陷入冲突时，这些结构便出现了。我已经强调过多次，这种精神结构是固定的。但是，当我继续深入这一复杂问题时，我要澄清一点，尽管结构的确定是不可逆转的，但是有一点也是正确的，即结构的功能可以"变动"。

我们必须非常清醒地意识到，作为主体，我们只不过是能指的效果。结构也正是在意指效果的方向上运作，我们不可能控制意指效果。我们最多只能怀有一种想象性的想法，即我们在这种调配中是有发言权的，这就是为什么我们每一个人都被迫联系着这样一个幻想的结构。但是，有发言权不代表我们能改变这个问题，因为即便在我们说话的时候，辞藻中也充斥着我们的谎言。我们可以回忆下弗洛伊德那著名的观察：自我并不是自家的主人。我们必须认识到，这句话暗含着一种无可逃避的意义；我们可以不相信它，但事实是，弗洛伊德的发现揭示了一个有关说话者欲望结构的真相。正如拉康反复强调的，尽管我们只能半说（mi-dire）这一真相，结构和欲望的本质也总是在试图通过这种结构来表达自身。为了进一步强调语言结构的这种不可还原性，我们应该想到，语言结构是更具决定性的，因为对于主体而言，这种结构的选择完全就是主体进入象征界的方式。①

① 编者注：象征界是欲望和文化的领域，是一个共时性结构，儿童不知不觉中通过乱伦禁忌（父性隐喻）的过程被铭刻进了这个结构。象征这一概念最早是由结构人类学家列维-斯特劳斯（Lévi-Strauss）提出的，他证明了：基本亲属结构中的各种排列，不仅将乱伦禁忌打造成了一个律法，使得自然能转变为文化，而且揭示出语言和文化都是由无意识层面的象征系统所塑造的。

　　拉康将列维·斯特劳斯的某些发现应用到精神分析领域，进而证明了儿童屈服于乱伦禁忌与他进入语言是相伴而生的。拉康借用结构语言学的发现来揭示俄狄浦斯动力和语言之间的复杂关系。他借用弗洛伊德（1920）著名的"fort/da"游戏的例子，以及罗曼·雅各布森（Roman Jakobson）（1956/1971）的音位学，展示了语言的习得是如何与原初压抑过程保持同步的。雅各布森指出，每一种语言都可以在结构上被还原为十二对不同的音位，这种生理上的区别，他称之为"双相音位对"。德语中的"o/a"这个对子就是一个例子。因此，当弗洛伊德的孙子能够说出"fort/da"来符号化母亲的离开和返回时，他此时已经不知不觉中吸收了德语语言中的"区别特征"。在这个作为典范的奇闻轶事中，他通过辞藻愉悦地表达他对丧失的控制能力，与此同时也压抑了悲伤的原因，于是他的无意识产生了。从这一刻开始，在发展过程中，无意识成了与之后的丧失或缺失经验相关的音位痕迹的仓库。

　　此外，拉康还重新诠释了索绪尔（Saussure）（1916）对于语言／言语和能指／所指的区分，从而指出无意识结构与语言结构具有类似的运作模式。在索绪尔看来，言语是由一个超出个体控制的价值（语言）系统所决定的。概念与其声像之间的关系并不是由词语与其指示物之间的特殊亲和力所造就的，而是由构成既有语言的另一些符号所决定的。从这个意义上说，能指和所指之间的任意关系，表明语言是一个具有自身律法和规律的实体，而这些律法和规律独立于语言所代表的存在物领域而运作。在拉康看来，能指和所指之间的分界线，代表着意识中得以说出的内容与从意识话语中被排除的内容之间的问题关系：

　　我们可以说，意义"坚持／内存"（insists）于能指链之中，但是没有任何一个意义元素"包含"（consists）在某一刻所能带来的意指中。

　　于是，我们不得不接受所指在能指下不断滑动这一观点。（拉康，1977，153—154 页）

我要提醒读者，进入象征界也就是进入了主体的领域。主体在象征界中站住脚的方式，决定着主体的精神结构。

在俄狄浦斯辩证法的隐秘角落中形成的这种结构组织，是由两个重要阶段所印刻的，它们由成为阳具的维度和拥有阳具的维度所代表。在从成为到拥有的这一过程动力学中，有一些关键的元素影响着儿童在阳具功能的登记。作为俄狄浦斯情结的调控者，阳具功能有四个主要角色作为前提：母亲、父亲、孩子、阳具。最后一个角色是核心的元素，其余三个的欲望围绕着这个核心。正是在这个意义上，拉康曾说，简而言之，要做精神分析，我们必须考虑其中至少三个元素。但是事实上，在这种最少数量的字面意义上，知道如何数到三个元素，意味着我们知道这三个元素是如何从第一个元素开始的，这已经暗含着第四个元素了。因此，由于阳具是一个最基本的元素，它便成了唯一参照点，主体借此在与他者的欲望的关系中调节自身的欲望。

于是，阳具作为参照点，同时也是铭刻在一系列欲望之外的元素，因为正是在与阳具的关系中，一系列欲望得以构成；而且阳具还是掌控着这一系列欲望的可能性的元素，因为倘若阳具不存在，那么欲望则无法离开最初的锚定而启航。倘若我们想澄清上述几个关键阶段，那么我们必须从这一锚定点开始。最为重要的一点是，我们要界定这些时刻，即在这些时刻，儿童的欲望经济与阳具功能有所重叠，并且在登记的层面与它达成了一致。

这种阳具功能的首要特点在于，阳具能指在儿童俄狄浦斯发展阶段会对儿童产生影响。从结构的角度来看，最初的关键阶段是儿童的阳具性认同受到质疑，这一认同是一种最初的认同经验，即儿童彻底地认同于母亲欲望的唯一客体，即认同于大他者欲望的客体，也就是认同于母亲的阳具。

这一疑问对于儿童而言是极为重要的，因为通过这个疑问，儿童最终会遭遇"父性形象"。这一父性形象并非父亲的在场，而是父亲作为欲望的中介。此时的情况是，父性形象的侵入在儿童的欲望经济中引入了一种新的导向模式，而这也就是我所谓的父性功能。这正是阳具功能以及它所要求的象征回响。

因此，阳具功能的唯一作用是让儿童的欲望转向与中介性的符号代理，即象征父亲的关系中。换言之，我们必须记住，拉康在实在父亲、想象父亲、象征父亲之间所做的基本区分。我在其他地方试图指出，这种区分使得主体的结构组织有了根本性差异（多尔，1989）。这并不仅仅是将实在、想象、象征的三角关系双倍化了。①

---

① 编者注：拉康派精神分析阅读弗洛伊德的方式在于，打破传统上对于自然和文化、个体和社会、内在和外在现实之间的二分法。实在、想象、象征将精神解构为三个范畴，而非两个。

　　实在即没有中介形式的现实。它打破了主体对于自身以及周遭世界的认识。因此，它的特点体现在，主体成了一个破碎的谜，因为为了理解实在，主体不得不将之象征化，即找到一些可以控制实在的能指。想象就是主体经验（转下页）

实在父亲就是父亲真正的存在，即父亲当下的存在，不论他是否是生物学上的父亲。然而，在父亲的历史中，实在父亲决不是那个干预到俄狄浦斯经验中的父亲。这个干预者是想象父亲，即弗洛伊德所谓的"意象"（imago）的全部意义。父亲只能以父性意象的形式被儿童所感知和捕捉，这是儿童从自身利益出发而在自己的欲望经济中感知到的父性形象。这也是儿童根据母亲向自己说起父亲的方式而想象的父性形象。虽然实在父亲与想象父亲之间有着明显的差别，但是象征父亲的本质则更为不同，因为象征父亲在俄狄浦斯辩证法中的结构性干预是一种纯粹的能指效果，这种能指效果基本上就是父性功能的意义。但是，由于父性功能在于结构化，因此它必然涉及阉割的范畴（多尔，1989）。

换言之，当我们提出俄狄浦斯情结中父亲角色的问题时，我们必须谨慎地看待我们所提到的父亲这一实体的意义。我们必须知道，根据涉及的是想象父亲还是象征父亲的不同，儿童的欲望经济是如何定位的。至少，这种区分的前提是，我们可以在现实之外去定位

（接上页）本身，即这个世界向主体呈现的样子。拉康在镜子阶段（Mirror Stage）中解释了想象的起源，这是儿童最原始的经验，即在他者（母亲）的目光中遭遇自身反映的镜像。从这一刻开始，儿童对世界的认识以及他的幻想都被这种目光经验所塑造了。象征秩序是一个语言和文化的秩序。这是一个通过"父名律法"（Law of the Name of the Father）强加给儿童的限制性结构。这种律法所要求的压抑，导致了无意识的形成。实在、想象、象征始终共同编织起主体的现实。这些范畴始终互相交织，绝不可能以纯粹或孤立的形式出现在主体身上。只有精神病性发作可以解开这种三角关系的扭结。

俄狄浦斯情结的意义，因为俄狄浦斯情结在儿童身上总是一种想象的运作。总之，儿童为自身构建的正是这种想象性的道路或路径，以便解决性别差异所带来的主体性之谜。

这一事实具有一种非常重要的临床影响：实在父亲在俄狄浦斯欲望的运作中仅仅扮演一个次要角色。因此，我们便可以扫清"父亲的在场"或"父亲的缺席"这类表达中的一切模糊性。在场或缺席这类属性归属于实在父亲，对象征父亲最根本的结构化功能没有显著或有效的影响。事实上，在俄狄浦斯情结中，实在父亲是否在场，是否缺席，都没有太大的差别；倘若父亲在场或缺席涉及的是想象父亲或象征父亲，那么这类属性便会带来决定性影响。

换言之，儿童身上出现的一个完美结构化的精神过程，是无须实在父亲在场的（多尔，1989）。但是，这类场景的前提是，想象父亲和象征父亲的构成性在场。这并不算是悖论。相反，我们所需要的只是语词、言语；父亲必须经常被意指给儿童，即便儿童并没有遇到其真正的在场。对于儿童来说，具有结构化功能的是能够去幻想一个父亲，即制作出一种想象父亲的形象，以便之后可以基于此投注到一个象征父亲身上。即便实在父亲是缺席的或"被宣称不存在"，结构化功能依然可以潜在地起作用，以至于在母亲的话语中，对"他"的意指成了"中介"其欲望（他者欲望）的第三方。

因此，尤其是通过想象父亲，俄狄浦斯期儿童会遇到一个作为打破性元素的父亲，这个父亲完全可以挑战儿童对阳具认同的确定性。这种挑战在事实上是绝不可能提出的。它之所以能加以干预，是因为它已经存在了，潜在地存在于母亲的话语中。即便儿童没有理解认识到这种挑战，他仍然能感觉到，母亲将自身意指为父亲欲望的潜在客体。此外，正是这种前兆，使得儿童过度解读了自己对于母亲的地位。当儿童开始怀疑，自己是不是母亲欲望的唯一客体时，他便已经在想象中将这种观察转为一种敌对的问题。儿童试图模糊化一个事实，即母亲可以欲望父亲，同时他将父亲投注为母亲欲望的竞争客体。因此，父亲成了儿童在母亲方面的敌对阳具客体。严格来说，我们只有在阳具性敌对的语境中，才能理解儿童的阳具认同所遭遇的挑战：正如拉康（1957—1958）所言，"要成为还是不要成为"阳具。

我们很容易理解，为何能指在这个决定性阶段如此重要，因为正是通过话语，儿童找到了一些地标，这些地标可以引导儿童的欲望，使其扩展到一个新的视野。但是，倘若没有稳定一致的能指推动儿童充满欲望地去探询性别差异的本质，那么这一路径也可以受阻。

此处的能指功能是一个动力性过程，我们也可以说是一种催化剂。母亲的话语使得儿童悬置在母亲欲望的客体这一疑问中，因此这一疑问会更为强烈，并使得儿童产生进一步的探询。面对性别差异之谜的"意指性悬置"是最为基本的，它迫使儿童超越他的阳具性认同的终点，去质询母亲的欲望。因此，母亲的话语会给儿童提供一种坚实的支撑，支撑儿童进一步的探究，这种探究会带领他走到阉割这一更为神秘的问题之边缘。换言之，母亲的能指是一个决定性因素，其使得儿童来到了另一片空间，而非处在他就他的直接欲望与母亲协商谈判的那个空间。

然而，倘若儿童身上的这种推动力遭遇哪怕是很小的障碍，那么他的欲望动力也会沦为这样一种状态，即熵超越了儿童为了战胜它而必须调用的精神力量。这种对其阳具性认同的挑战受到强制性的悬置，于是导致的结果便是，整个欲望经济受到阻塞，这种阻塞转过来又会带来一种不可逆转的精神固着。这就是倒错结构组织的问题所在，也正是在此处，我们找到了所有结构特征的起源，我们基于这些结构特征在精神分析临床的领域中建立起我们的诊断。

第二部分
倒错结构

第四章｜弗洛伊德对于倒错的理解

弗洛伊德在其一生的研究中，于不同时期都审视了倒错过程的各个方面。在《性学三论》(*Three Essays on the Theory of Sexuality*) (1905a)中，他将严格意义上的倒错（perversion）与倒置（inversion）进行了区分。这种区分基于驱力机制的弹性，以及它在驱力的目标和客体方面的偏离特性。倒置反映的是有关驱力客体的偏离，而倒错则是目标的偏离。然而，除了这种区分之外（不包括驱力观点），弗洛伊德也采用了当时的经典精神病理学的观点［克拉夫特-艾宾（Krafft-Ebing），1899］，他强调了倒错过程在正常性欲发展中所扮演的角色，描述了儿童性欲的多重倒错以及倒错在成人力比多经济中的重现。

弗洛伊德在《性学三论》中的观点带来了对神经症和倒错的最初区分，这一区分体现在一句著名（可能有问题）的论述中，即神经症是否定形式的倒错。这句论述强调了驱力机制的一种本质特征。

神经症症状总是来源于性欲的驱力成分受到的压抑，因此弗洛伊德提出，神经症的症状本质"（通过转换的形式）表达了一些冲动，这些冲动在最为广义的情况下可以被描述为倒错，只要这些冲动可以直接体现在幻想和行动中，而没有受到意识的扭曲"（165 页）。弗洛伊德在此为神经症和倒错所做的区分非常重要，这是因为，如我们所见，这种区分的前提是，这些结构在俄狄浦斯辩证关系中有着不同的锚定。

在《冲动及其变迁》(*Instincts and Their Vicissitudes*)（1915）中，弗洛伊德阐述了其对于倒错过程的理论和临床观点，他区分了这一过程的两类"变迁"，即"驱力转向其反面"和"驱力转向主体自身"。这两种运作的前提是驱力的特征，这种特征使得一种更为统一的倒错概念成为可能。事实上，驱力目标和客体的改变这一观点带来一种非常关键的元心理学概括化，其中倒置和倒错之间的区分，即便不是毫无用处，也至少是没有多大意义的。正是倒置和倒错的整个驱力过程，构成了倒错过程的主要维度之一。通过这种概括化，弗洛伊德开始勾勒出倒错结构的概念，这一概念超越了当时人们对某些性活动的刻板定义。

因此，弗洛伊德明确地开始寻找倒错最根本的元心理学机制，他提出了否认现实（与阉割相关）这一观点，还提出了自我分裂是精神装置功能的本质部分这一观点。通过这两个观点，我们可以回到俄狄浦斯辩证中。

俄狄浦斯情结开始于将阳具定位到母亲身上。这种阳具的定位反过来又源自性别差异这一问题，该问题从一开始对于儿童就是极为神秘的。俄狄浦斯情结的整个想象旅程，就在于儿童试图找到谜题的答案：

> 在这些探索中，儿童发现阴茎并非所有像他自己一样的生灵所共有的……我们知道，儿童对于阴茎缺失这第一印象会做何反应。他们会否认这一事实，并且相信，他们的确在所有人身上都看到了阴茎。他们会掩盖观察结果和先前认识之间的矛盾，他们告诉自己，阴茎只是还很小，之后会逐渐长大的；而且他们渐渐地会得出一个在情绪上非常重要的结论，至少一开始所有人都有阴茎，只是后来有些阴茎被拿掉了。阴茎的丧失被视为阉割的结果，于是此时儿童面临着一个任务，即接受关于自身的阉割。（弗洛伊德，1923，143—144 页）

这种阳具的定位也就是一种认识，即某些东西本应该在这里，因此它可以被体验为一种缺失。因此，阳具客体严格来说是一个想象的客体。于是我们可以说，在弗洛伊德看来，阉割的问题从一开始就必然联系着阳具的想象维度，而非器官维度（即阴茎的存在与缺失）。

我们简要地回顾一下弗洛伊德的论述。儿童并不乐意放弃阳具母亲的表象，没有这个表象，他就会突然面对性别差异这一现实。儿童看不到接受这一现实（接受这一现实就是接受纯粹的差异）的精神益处，因为如此接受代表着承认一个难以承受的结论，即他自身的阳具性认同也是想象的，他因此必须放弃成为母亲欲望的唯一客体。通过将自身的欲望转向他者，儿童调动起这种防御性幻想，这种幻想忽视了性别差异这一现实，从而支撑起一种建构产物，这种建构基于一种想象的制作，即假设了一个失去的客体（阳具）。这种建构也基于对性别差异的理解，即差异在于是否被阉割。弗洛伊德解释说，由于这种幻想推理，儿童面对阉割将不可避免地引发自身的焦虑。这样的想象的建构只会加深关于阉割威胁的信念：儿童也可能会被阉割，因为这可能已经发生在他的母亲身上了。

正是在这一点上，弗洛伊德定位了阉割焦虑的起点，以及为了中和阉割焦虑而产生的防御性反应。这种防御性精神建构不仅是儿童拒绝接受性别差异的依据，也是儿童必须过早地耗费精力来避免阉割的证据。弗洛伊德指出了这些防御是如何根据我们如今称为精神结构的某些模式，从而决定并引导了精神经济的进程。

弗洛伊德区分了应对阉割焦虑的三种可能的方式：其中两种是，主体只在阉割可以被不断地僭越这一条件下才接受阉割的出现；而第三种方式是，不论主体是否愿意，他还是接受了阉割，但他利用各种症状来表达对前阉割状态的怀旧。前两种方式的结果就是倒错，后一种的结果是癔症和强迫神经症的症状性怀旧。

正如弗洛伊德所见，倒错结构似乎起源于阉割焦虑，起源于对这种焦虑的防御调动。于是，他关注了倒错组织的两种防御性过程：固着（退行）以及否认现实。根据弗洛伊德所言，这两种机制分别构成了同性恋和恋物癖。

同性恋基本上是面对焦虑的防御性自恋反应的结果，在这个过程中，儿童选择性地固着于一个拥有阴茎的女人的表象。这一表象会主动延续在无意识中，并影响之后的力比多发展。通过对《论儿童性理论》(*On the Sexual Theories of Children*，1908a) 的仔细阅读，我们可以在此做出评论。倒错过程组织的同性恋变体暗指男同性恋，这明确地指出了男同性恋源于一种倒错结构，但是这是否同样适用于女同性恋，依旧是一个开放的问题。尤其重要的是，我们要从诊断的角度牢记这一问题。事实上，倒错结构是否存在于女人身上，这仍旧是个问题，尽管我们的确能在女人身上观察到倒错行为（多尔，1991）。简而言之，男同性恋的精神系统与我们在女同性恋身上发现的极为不同。

上文提到的倒错功能的另一个方面，即恋物癖，也确证了这一理论。恋物癖在临床上表现为一种仅仅属于男性的过程。此处的防御过程比我们在同性恋身上看到的更为复杂。这种防御基本上涉及对现实的否认或拒认，即拒绝承认一种创伤性认识的现实——母亲和所有女人身上缺失阴茎。否认现实带来的防御性策略也有一种对应的机制，即替代形成的制作。

这一过程在两个阶段展开。首先是对现实本身的否认，即面对女人缺失阴茎时维持一个严格意义上的婴儿态度。尽管主体察觉到了这种缺失，但他否认它，从而中和掉阉割焦虑。然而，与同性恋的过程相反，对阳具性母亲表象的固着更为不稳定，因此促成了一种妥协形成。由于女人在现实中的确没有阴茎，因此在第二个阶段中，恋物癖者以现实中的另一个客体（即恋物客体）来具象化这个假设缺失的客体。恋物客体成了阳具的化身，即"一种对女人（母亲）阴茎的替代物，小男孩曾经相信这个阴茎，（而且出于我们熟悉的理由）并不愿意放弃"（弗洛伊德，1927，152—153页）。

因此，恋物癖"中介"了几种防御机制。它使得主体不必放弃阳具；它使得主体逃避了阉割焦虑；最终它使得主体选择一个女人作为其性欲客体，因为这个女人被假设为拥有阳具。因此，这种解决方案使得恋物癖者避免了同性恋结果。

弗洛伊德通过恋物癖进一步探索了倒错过程，于是他提出了"自我分裂"这一概念，这种精神内在的分裂对于描述主体的精神结构至关重要。恋物癖的特点在于一种独特的精神机制，即两种互相排斥的精神产物的共存：一方面，主体承认了女人身上阴茎的缺失；

另一方面，主体又对这种承认的现实进行了否认。此处存在着一种根本的矛盾，即主体否认这一缺失的现实，但是又将恋物客体打造成一种有说服力的证据，证明了对这一缺失的永久承认。然而正如弗洛伊德观察到的，这两种精神内容在现实方面彼此排斥，但它们又共存于精神装置中，互不干扰。因此，弗洛伊德提出了分裂自我的存在：我们一次又一次看到这种分裂，作为主体结构的一种内在元素。弗洛伊德在多篇文章中，尤其在与精神病的临床治疗有关的文章中讨论了这一问题（弗洛伊德，1924a、b，1938）。

第五章 | 倒错的锚定点

我们在这一点上回到俄狄浦斯的辩证法，其中原初的阳具性认同受到想象父亲侵入的挑战，儿童将这一想象父亲幻想为自己在争取母亲欲望的唯一客体上的阳具性对手。阳具的利害关系牵涉到父亲对母亲的享乐（她的快乐与满足）的介入。同时，由于儿童发现了这一竞争，他也会发现两种现实，这些现实从此时开始便把他的欲望道路变成了疑问。首先，很明显的一点是，他并不是母亲欲望的唯一客体。这一新情况开启了一种可能性，即儿童会发现，他的母亲怀有一个欲望，但却不是一个指向他的欲望。其次，儿童会发现母亲缺了什么，即便儿童认同了自己所相信的母亲欲望的唯一客体，即阳具，母亲还是得不到满足。这两种情况出现在行动领域，即父亲登场的领域，父亲所在的位置只能是敌对性的。

我们之后会再次发现这种敌对的痕迹，其成了一种典型的倒错结构特征，即蔑视。蔑视必然会导致僭越，僭越与蔑视存在不可分割的互补的结构特征。

一种悄然发展的预感建立和巩固了这种想象阳具性敌对关系，这种预感的结果关乎性别差异这一问题，且这一结果是不可逆转的。

儿童会预感到父性形象背后的一个新的享乐（jouissance）世界，这个领域似乎极为不同，因为在儿童看来，这个领域似乎是禁止他入内的。这是一个他被排除在外的享乐领域。正是通过这种预感，儿童感觉到了一种不可和解的阉割秩序，在某种程度上，他很想完全避开这种阉割。同时，这种经验也代表着一种新认识的开始，即认识到他者的欲望，因此我们可以理解，当儿童涉及阳具性认同之时，为何他会摇摆不定。同样，我们也能看到，阉割焦虑是如何围绕着父性侵入被调动起来的，这种父性侵入不仅让儿童开启了自身欲望的一个新方向，还随之带来了享乐的问题。

随着俄狄浦斯情景的展开，这种欲望的淤积是不可避免的。然而，这是一个决定性的时刻，因为正是在此，倒错表现出了其结构的命运。尽管倒错仍陷于这种欲望的淤积，但儿童依然能发现，阳具功能中有着一种决定性的铭刻模式。的确，对儿童而言，一切都悬置在这个平衡中，这个平衡可能会，也可能不会倒向欲望经济发展的新阶段，即接受阉割的动力学阶段。

倒错永远都在与对阉割的接受做斗争，他决不会完全进入这种欲望经济中。因为把儿童推向未象征化的性别差异这一实在的动力学运动，取决于儿童是否有能力接受欲望动力中固有的丧失。只有当儿童能够象征化性别差异时，他才能摆脱这种"全或无"的律法。正是这种在平衡上的徘徊把倒错给难住了，因为他过早地陷入了无法被象征化的缺失之表象中。这种未象征化的缺失，将他异化为一种永不停息的精神对抗，即由对母亲阉割的否认或拒认所带来的对抗。

换言之，正是在这一刻，由于儿童将发展出倒错结构，因此象征性阉割，接受性别差异这一现实作为欲望的唯一原因，这条道路受到了阻碍。显然，由父亲的侵入所意指的缺失，正是要让儿童的欲望转向一个新的动力所必需的。因为在这种徘徊时刻，代表他者身上的缺失之能指——这个问题就悄然出现了。[①] 我在此指的是儿童对象征父亲这一维度的敏感性，这是儿童若要放弃想象父亲之表象所必须面对的精神预感。[②] 只有通过代表他者身上的缺失之能指这一中介，父性形象才能变成敌对的阳具性客体以外的东西。代表他者身上的缺失之能指，在逻辑上会使得儿童放弃成为阳具，转而努力拥有阳具。

从成为到拥有的过渡只能在一种条件下发生，即在儿童看来，父亲拥有母亲所欲望的东西——或者，更确切地说，父亲被假设为拥有母亲所被假设欲望的东西。这种阳具的归属将父亲塑造为一种象征父亲，即对于儿童而言，父亲成了律法的代表，成了乱伦禁忌

---

① 编者注：换言之，母亲不能向儿童传达那个最终的"词"，那个会让儿童确信自己是母亲的阳具客体的词；或者，幻想的、想象的、完全威胁性的父亲不能再把自身呈现为儿童的绝对敌对客体。

② 编者注：他对全能父亲的幻想。

的结构性中介。

从是否承认他者身上的缺失这一问题刚出现的那一刻起，倒错将会忽视象征父亲投射的这种阴影。倒错的这种否认，即他的对抗，是为了拒绝象征化这种缺失的任何可能性。其结果就是倒错的典型功能，即他既遇到了有关母亲的欲望的真相，又否认这一真相。换言之，儿童将自己困在了这样一个矛盾当中：一方面，父性形象的侵入使得他开始怀疑，没有阳具的母亲欲望着父亲，这是因为父亲"就是"或"拥有"阳具；另一方面，倘若母亲的确没有阳具，或许她无论如何可以拥有它。要达到这一点，儿童只需要把阳具归属于母亲，并且在想象界中维持着这一归属。这种想象的维持否定了性别差异及其代表的缺失。有关阳具客体的这两种选择是共存的，这两者的共存造就了倒错的欲望经济的特点和结构。

这种结构是根据一个律法组织起来的，一旦阉割得到了承认，这个律法便不允许主体有预见任何欲望的可能性。这是一条致盲的律法，其倾向于替代父亲的律法，后者是唯一一种将儿童的欲望导向一种在最初就没有被阻碍的道路的律法。换言之，阻碍倒错对欲望进行假设的正是其背后的律法：一种强制性的欲望律法，其倾向于决不承认他者的欲望。因为只有父亲的律法可以给欲望加上一种结构，如此一来，欲望从根本上说就是他者的欲望。

由于父亲的律法作为一种欲望的中介律法而被否认了，因此倒错的欲望动力固着在一个古老的层面。儿童面对着必须放弃其欲望的最初客体，他情愿放弃欲望本身，也就是说，放弃阉割所需要的一种精神发展的新模式。阉割焦虑促使儿童不愿放弃其欲望客体，也正是阉割焦虑仿佛将他固定在这一点上，动弹不得。于是他仍然滞留在一种防御性过程中，这个过程从一开始就使他抗拒自己必须付出的那些精神努力；正是此类努力让儿童理解，只有放弃欲望的最初客体，才能通过承认一种新欲望状态而保持欲望的可能性。这种父性功能带来的新状态，建立起了欲望的权利，即欲望着他者的欲望。

由于倒错独特的精神经济，因此他不具有欲望的权利，而是固着在一种强制性的、盲目的行动模式上，他在这种模式中不断地试图证明：自己的律法，而非他者的律法，是欲望的唯一律法。这使得我们可以理解倒错功能的各种机制及其代表性的结构特征。

我已经提到，蔑视和僭越是倒错欲望的唯二可能结果。否认、拒认基本上都涉及母亲对父亲的欲望问题。在这个意义上，其首先就是对性别差异的否认。然而，正如弗洛伊德的准确观察，这种否认只存在于这样一个程度上，即倒错以某种方式承认了母亲对父亲的欲望。只有先认识到这点，才能否认这一点。倒错总是会以自身的方式，清楚地觉察到这种性别差异的现实。他所拒绝的是这种差异的意涵，其中一个主要意涵就是，正是这种差异成为欲望的意指原因。因此，倒错试图维持一种不需要这种意指原因的享乐。

　　通过不断地挑衅律法，倒错让自己确信律法一直都在，且自己还可以遇上它。在这个意义上，僭越必然与蔑视相关。奋力地僭越那些在象征层面与律法相关的禁忌和法则，没有什么能比这点更有效地向自己确保律法一直都在了。倒错越是蔑视，甚至越是僭越律法，他就越觉得有必要确保这种律法源自性别差异，且指代着乱伦禁忌。

第六章 │ 倒错、癔症、强迫症的区别诊断

蔑视和僭越不仅能在倒错结构上观察到，也可以在强迫症和癔症结构上观察到。然而，在后两种结构中，僭越并不是以同样的方式连接着蔑视的。

强迫神经症

蔑视清晰地体现在强迫症的某些症状行为上。可以想想他们强迫自己参与到各种形式的竞争或对掌控的调节中；这些情况背后隐藏的是一个拒斥现实或想象敌对的问题。

但是，这种主动的蔑视与任何僭越的可能性成反比例关系。强迫症只在一种合法的斗争场景中才会表达自己的蔑视；也就是说，强迫症非常关心斗争的规则，他们很少会不遵守这些规则。因此，我们可以总结说，强迫症竭力（尽管是无意识地）成为一个倒错，但他总是会失败。

强迫症越是让自己成为合法的胜者，他越是不自觉地抗拒自己僭越的欲望。对于蔑视，强迫症所不知道的是（他不愿意知道的是），他就是场上唯一的角色。他需要创造出一种想象的敌对情景，

从而以蔑视的方式行动，因为只有如此，他才能误以为总是他自己向自己发起挑战。而他接着会更有意愿接受挑战，因为这使得他耗费了大量的能量。

强迫症所表现出的僭越，对应着他们面对自身欲望时的仓皇逃避。这种情况并不罕见，因为在这种逃跑的尝试中，欲望跑得比强迫症更快，而强迫症还希望能够忽视欲望。于是，逃跑的主体被这种欲望的行动给抓住了，对于这种欲望，强迫症很大程度上只能消极应对。在主体如此被自身的欲望所绑架时，欲望常常便以僭越的方式表达了出来。大多数时候，这种僭越都是一些微小的冒犯，但是由于主体将之戏剧化了，因此它们显得像是如倒错的僭越般壮观。一些动作行为常常加剧这种戏剧化，这就是一种行动化（acting out），在这种行动化中，强迫症允许自己受到其欲望以及随之而来的享乐的影响。

癔 症

我们也能在癔症结构中发现这种蔑视。在此，僭越背后隐藏的则是阳具逻辑中出现的认同本身这一急迫问题以及相关的性别身份问题。正是由于癔症在自身性别身份方面的矛盾情况，因此癔症的欲望的表达方式，与我们在倒错身上发现的方式类似。

倒错式的矛盾情感体现为癔症通常上演的同性恋场景。我们或许记得，癔症的倒错式享乐就是"揭露真相"。在此，我们会发现一种经典的癔症位态，拉康用一个清晰的黑格尔式概念"美丽灵魂"①（the belle âme）对其进行了描述。事实上，所有的癔症都有一种以理想的方式在某个时候去揭露真相的倾向，即便这种揭露会在第三方在场的情况下暴露出他者欲望的本质。这种情况尤其出现在三角情景中，其中一方真相的揭露实际上会使得另一方的欲望成为问题或遭到打击。

然而，癔症身上的僭越则比倒错身上的更弱。尽管癔症性蔑视无疑是存在的，但这种蔑视只是次等的，因为这种蔑视从来都不是通过对父亲的律法、对阉割能指的阳具逻辑的根本挑战来维持的。因为癔症身上的阉割能指是得以象征化的。这种象征化的代价体现为阳具性的怀旧。② 此外，正是这种怀旧成了癔症最为明显、最为直白的特点。这种怀旧场景以一种幻想的优雅再现了诗意的戏剧化。然而，正如我们所知的，这种优雅之所以能引起心灵的兴趣，仅仅是因为它是纯粹想象性的；一旦它在现实中具象化，癔症状态就会占据上风，癔症会退到舞台角落，偷偷地逃走。

癔症尤其喜欢"假装"这一元素，因此这给了他一种进行并维持蔑视的方式。这种蔑视是一种索求阳具的策略。一个典型的例子就是，癔症女人的经典幻想就是认同为妓女。而在其令人惊叹的蔑

---

① 编者注："这个美丽灵魂……在他所责难的世界的失序中，他没有认识到自身存在的理由。"（拉康，1977，70 页）

② 编者注：换言之，对于癔症而言，象征性阉割已经发生了；他们已经接受了他者的缺失。他们所体验到的怀旧使得停留在想象中的戏剧上演了。他们只能假装蔑视阉割这一现实。

视行为中，这类女人会在街上走来走去，或者坐在车里的一个很刻意的位子上，直到她得到了某个机会，可以对某些调戏她的粗鲁男人说："我可不是你想的那种女人！"

女人癔症性蔑视的另一个方面很容易在阳具性争论中体现出来，这种争论常常决定着她与男性伴侣的关系。我们能看到这类情景，即女人在挑战男性的时候说："没有我，你什么也不是。"这句话等于是在说："我藐视你，从而向我证明，你的确拥有你被假设拥有的东西。"倘若这个伴侣很草率地接受这种说法，那么癔症会进一步施压，进一步挑战。

而在男性癔症中，蔑视则来源于阳具的归属。主体只有当被他者的欲望所唤起时，他才会表现出蔑视。在这种特定的欲望辩证中，男性癔症猛然向自己发起难以忍受的挑战，这种挑战源于"欲望等同于阳刚"这一等式。对于男性癔症而言，被欲望必然意味着他可以证明自己相对于女人的阳刚。在这个意义上，男性癔症其实是陷入了自身无法解决的挑战，他无法欲望一个女人，除非通过一种幻想，在幻想中，女人臣服于他阳刚的表达。因此，在这样一个系统中，女人的享乐成了她在全能阳具面前投降的信号。男性癔症深陷在这种难以忍受的挑战中，并且通过常见的症状行为（早泄或阳痿）对此进行回应，这一点丝毫不令人惊讶。我将在第十四章，即对癔症的结构性描述的背景下，对这一问题进行更详细的讨论。

第七章 | 倒错和父亲的律法

在倒错身上，否认问题具有一种特殊的组织。在癔症和强迫症身上，受到挑战的是对阳具客体的想象性占有；而在倒错身上，根本的蔑视则指向父亲的律法。这种律法出现在成为还是不成为阳具的辩证法中。另外，对于强迫症和癔症而言，对占有阳具客体的蔑视，涉及的是拥有或不拥有阳具的选择。然而，这种初步的范畴对于临床实践而言还不够精确。

重要的是，我们要强调一点，即倒错是多么迫切地将自身欲望的律法应用为他所知的唯一的欲望律法。他的这种律法并不是基于大他者欲望的律法，而后者最初就是父亲的律法。正如拉康所言，父亲为母亲和孩子"颁布了律法"，但是倒错则不断地努力蔑视这种父亲的律法及其要求的一切，即对缺失的象征化，即阉割。然而说到底，他在蔑视父亲的律法，也就是在拒绝让自身的欲望从属于他者欲望的律法。因此，倒错在两个选择上行动：将他自身欲望的律法优先作为唯一可能的欲望律法；将他者欲望的律法误认为是所有人的欲望的中介。倒错的享乐完全就是由这两个极端组成，而且被一种不可能的策略所维持着，但是其要点是使另一方质疑父亲律法本质的边界。

因此，倒错只能将这种律法（和阉割）设定为一种持续存在的边界，于是他便可以更加有效地证明，这并不是边界，因为我们总是有机会越过这种边界。倒错总是能以僭越的方式从享乐中得到令人舒适的利益。然而，这种策略需要一个实在或想象的共谋者，即被魔术般的幻想所欺骗的见证者，在这种幻想中，倒错总是关注着阉割问题。在这些潜在的见证者当中，母亲即便不是最初的，也至少是最特殊的一个，我们将在后文中谈到这一点。

以下节选自让·克拉夫如尔（Jean Clavreul，1981）的一段话，旨在说明这种共谋见证者的存在对倒错行动是如此不可或缺：

> 很明显，在倒错行动中，伴侣，尤其是共谋者，都是大他者目光的承载者。这一点触及了倒错的实践与倒错的幻想之间的根本区别，在前者中，大他者的目光对于这种共谋而言是绝对必要的，没有这种目光，妄念领域也不存在了；而后者不仅完全不需要大他者的目光，而且它以独自自慰的方式成功地获得了自我满足。倘若倒错行动与幻想的行动有着明显差异，那么二者的边界就在于大他者的目光：这种目光为倒错提供了一种必要的共谋，而它在正常或神经症主体那里，被体验为一种责难。①

---

① 编者注：我们可以从克拉夫如尔的文章《倒错伴侣》（"The Perverse Couple"）中找到这一段，也可以从施奈德曼（Schneiderman）的另一个版本的翻译中找到这一段。

由于他者是倒错默许的共谋者，因此倒错可以将自己的蔑视视为一种获得享乐的方式。但是，不论他以多少种方式利用这种蔑视，倒错的策略都是相同的。这种策略总是让他者陷入有关地标和界限的迷途，而正是这些界限决定了他者与律法的关系。正如克拉夫如尔说的：

> 对于倒错而言，最为主要的就是，大他者能够在承认标准（尤其是对于尊重的标准）方面足够涉入、足够卷入进来，从而每一种新的经验都似乎是一种道德败坏；也就是说，大他者从自身的系统中被拖了出来，并实现了一种享乐，即倒错在任何情况下都相信自己可以控制的享乐。①

矛盾的是，倒错与父亲的律法似乎是以某种与母亲，以及母亲之外的全部女人的特定联系方式所关联起来的。但是，这一点并不令人惊讶，因为倒错的否认直接针对的是母亲对父亲的欲望，而这恰恰是根本不能容许的。这种否认还伴随着一些幻想构建，这些构建都基于儿童期关于阉割的性理论，尤其是这种性理论，即母亲缺失的阴茎被理解为父亲对她的阉割。这种持续存在的儿童期幻想的特征就是对阉割的特定恐惧的根源，我们可以在所有倒错身上发现

---

① 参见多尔（1987），第十四章会给出这类蔑视的一个具体例子，在例子中，分析家私人生活的某个方面也被腐化了。

这种恐惧，这种恐惧极为严重，因为它基于一种对实际阉割的幻想。

这一问题的前提是一种微妙的辩证关系，即一方面是阉割母亲（以及全体女人）的幻想，另一方面则是母亲对父亲欲望的本质。倒错摇摆在这两者之间。要么父亲使得母亲服从于父亲欲望的秩序（即强加给母亲一种不公正的欲望律法，即欲望必须服从于他者欲望的律法），要么母亲错误地将父亲的欲望认识为她自己的欲望。在后一种情况下，倒错投射出一种谴责，即母亲共谋了对她自己的阉割，因为母亲向父亲的欲望做了妥协。

阉割的这两重幻想决定了倒错对于男性和女人的典型行为。要么是一位不公正的父亲逼迫母亲服从他的欲望律法，要么是脆弱的母亲接受了这一律法，幻想的这两种选择其实只是一个硬币的两面：两者都是由对阉割的恐惧所决定的，两者都不被允许，因为两者都确证了缺失，即阉割。

在对"恐惧"的反应中，倒错会产生另一种幻想建构，他在其中想象了一个在欲望方面全能的母亲，这个母亲没有缺失。这种信念将作为父性功能代表的象征父亲无效化了。换言之，这个父亲不是被假设为拥有母亲的欲望。结果就是，倒错继续维持着成为（给予母亲享乐的）欲望的唯一客体的幻想。

第八章｜阳具母亲

让我们简要地回顾俄狄浦斯情结的关键阶段，那是我描述的倒错的潜在锚定点。"锚定点"这个词指代某种决定因素的出现，这些因素很可能在阳具认同的问题上带来某种模糊性。这种模糊性涉及两类决定因素，它们可以被总结为母亲的情欲式共谋和父亲的沉默式自满。

母亲的情欲式共谋常常体现为诱惑的形式，即一种实际的而非儿童所幻想的诱惑。这种母性诱惑主要表现为母亲回应儿童的性欲姿态，儿童则将这种回应视为一种承认和鼓励的信号。在这个意义上，母亲的回应确实唤起了儿童的享乐，并且维持了儿童对母亲的力比多活动。

然而，这种诱惑召唤被一种深刻的模糊性所阻碍了。当母亲让儿童去触摸、观看、聆听，儿童受其引诱和鼓舞时，他也同时受到了母亲无言的折磨，即在母亲对父亲的欲望这一点上的无言。即便在母亲和孩子共享的情欲式共谋中，孩子确信父亲不会作为母亲欲望的中介，但是父亲仍然体现为一个闯入者。如果母亲既没有向孩子承认自己欲望着父亲，也没有排除这种可能性，那么情况甚至可能更糟糕。母亲常常做的就是让父亲在她的欲望中占据的位置保持一种令人苦恼的模糊性。于是儿童朝向母亲的力比多活动也完全陷入了这种模棱两可。儿童试图进一步引诱母亲，希望消除有关父亲侵入的不确定性。

在阳具敌对的领域中，也正是在这里，我们找到了倒错嘲讽、蔑视父性权威这一倾向的根源。此外，母亲常常以沉默甚至直接指示的方式暗自鼓励这种嘲讽。母亲甚至会撒谎，否认父性对于她欲望的中介作用，这种谎言会使得儿童看到，母亲对于这种中介的态度是多么地前后不一。因此，儿童会更加受折磨，因为他被捕获了两次：他被母性诱惑捕获，又被母亲向他展示的禁忌所捕获，但同时，这种禁忌又是前后不一的。这是朝向僭越的第一步。

母亲这种模棱两可的态度，给儿童带来了决定性的影响，因为，这种态度在某种意义上是被父亲所强化的。这种强化反映了父亲的意愿，即剥离自身的象征功能。在这种沉默的自满中，父亲让母亲说了自己想说的话，还伴随着这一态度所隐含的模糊性。

于是我们遇到了一个最基本的临床问题，即倒错结构和精神病组织之间的诊断差异。在倒错身上，律法的意义是持续存在的。虽然律法以某种有问题的方式被授权到了母亲身上，但儿童并不服从这种欲望的母性律法，这种律法并不指代着父亲的律法。正如拉康所说，倒错的母亲并不是"出格"的母亲，而是一个阳具母亲。① 儿童的确已然遇到了一种欲望的意义，这种意义指代着父之名；问题在于，这种服从于他者欲望的欲望意义，并不是由父亲所指代的。通过让母亲的话语成为禁忌的代言，父亲的自满维持了这种模糊性。因此，儿童的精神投注到一种模棱两可上，即一方面一位带来诱惑的母亲鼓励儿童挑起她的性欲，另一方面一位带来威胁的、禁锢的母亲代表了父亲的象征性话语。儿童被捕获于这种中间地带，便会产生一种全能母亲、阳具性母亲的幻想。

阳具性母亲的意象决定了倒错后来与其他女人的关系。尽管如此，他并不会拒绝女人，即使在同性恋的情况中，他也只是在其他男人身上寻求这种女人。

显然，某些结构特征表达了倒错的欲望和他者欲望之间的模糊性，这些结构特征也可以以相反的形式组织起来。因此，我们可以发现以上提到的另一种形式：没有缺失的母亲和被阉割的母亲。一般而言，倒错徘徊于这两种女人客体的幻想表象上，不断地在现实中寻求最接近的可能性。因此，一个女人对于倒错而言既可以显得像是一位圣女，又可以显得像是一个令人厌恶的妓女。

作为阳具母亲化身的女人可以被幻想为完全理想的女人。在这

---

① 编者注：根据拉康的说法，"出格"母亲就是施瑞伯（Schreber）（弗洛伊德，1911）的母亲，她并没有认识到父亲的律法，因为她丈夫本身被认定为"律法"（他在推行自己指定的律法）。施瑞伯的现实中的父亲代表了一个象征父亲，但这个父亲并不是律法的代表。（参见拉康，1977，179—221 页）

种理想化过程中，我们发现，倒错总是保护自己，抗拒可能成为欲望客体的母亲。这种被理想化的、全能的女人不会被任何欲望所玷污，她是一个纯洁、完美的客体，一个受禁锢而无法触碰的客体。她就是女人理想的原型，倒错对她的期待只有良善和保护。比如说，对于男同性恋而言，某个特定的女人会扮演一个特定的角色。

但是，一个女人也可以代表着令人厌恶的母亲，之所以令人厌恶，是因为她具有性欲，她挑起了父亲的欲望。在这种情况下，这个女人/母亲就被置于妓女的角色上，她成了一个受鄙视的客体，用来满足所有人的欲望，因为她并不是只留给倒错满足自身的欲望。她成了一个标志着阉割恐惧的女人。我们可以理解，为何倒错会感觉到，他必须鄙视女人的生殖器；因为它是被阉割的，它在幻想中代表着令人排斥且危险的伤口，倘若倒错不想在屈服于欲望中丧失自己的阴茎，那么他必须远离这种伤口。的确，女人的生殖器最为不幸，因为它使得性快感成为可能，导致它必然被滥用。倘若倒错要避免丧失（即丧失和缺失），那么他必须不惜一切代价远离这种可欲望且欲望着的女人。

第九章 | 神经症结构和倒错的新区分性诊断

尽管在与母亲的这种悖论关系中，我们可以区分出独属于倒错的一些结构特征，但是我们也必须澄清一些相对于神经症结构的区分性诊断要点。

强迫神经症

强迫症的欲望的一些独特问题会使得他表现出针对女人的一些典型行为，乍一看，这种行为总是会让我们想起倒错对女人的态度。比如说，我们会发现，强迫症极为崇拜他们的女人伴侣。至少在某些案例中，这种崇拜是由一种对女人的绝对理想化维持的，我们在倒错身上会发现同样的理想化。强迫症在追求所欲望的女人时而使用的溢美之词，可以变成一种崇拜，这种崇拜类似于倒错与被理想化的、不可触碰的女人的关系。强迫症表达自身欲望的动力的方式是与女人保持距离。强迫症在他和被欲望的、不可触碰的女人之间拉开一段距离，其唯一的目的就是维持不去觉察自己的欲望。女人并没有被放置在一个纯洁的、不可触碰的、不可获得的位置上，为了强化对全能阳具母亲的必须的幻想，这个位置是不可欲望的。而在强迫神经症的情况下，主体不让自己知道自己欲望着她，否则他就会感到自己身处危险中。

强迫逻辑的另一个方面指出，女人是如何被视为一个理想化客体的。有些男性强迫症倾向于把他所欲望的女人尘封起来，即把她当作一个珍贵的收藏品放到钟罩下面，好像这个收藏品是不能触碰的，将她缩减为一个被占有的客体，有时候甚至是一个被消费的客体。此时，女人又被视为一个几乎不可触碰的客体受到崇拜；重点在于，她是永远在场的。主体实际上最终都不会触碰到她。我将在第十八章中对此进行更为细致的讨论。

在强迫神经症的这种普遍倾向中，我们发现了一种婴儿专制的原始维度，这种专制在于释放了控制的冲动，即掌控客体。女人越是被缩减为一个既无欲望也不能被欲望的客体，强迫症（纠结于能否占有这个客体这一问题）则越是安心。在这种他者欲望带来的窒息中，强迫症成功地维持了自身欲望的逻辑；作为母亲的替代物，女人必须由主体的在场所完全满足，因此主体认同了她的阳具。如此将女人冷藏起来，强迫症是在努力维持一种主导着其欲望的妥协。此外，将女人冷藏起来，也是他追求秩序、追求规则的需要的一部分。

于是，强迫症的客体就保持着这种几乎无生命（即无欲望）的状态，强迫症对女人所做的相当于一种崇拜。这种崇拜是对女人最为糟糕的态度之一，因为它会中和掉女人那边的一切欲望倾向。为了实现自己的目的，强迫症主体会发展出一种持久的幻想，即他可以为她做一切，给她一切，于是她便不再有任何缺失。只要客体不再活动，不再索求，进而不再有任何要求，那任何代价都不算昂贵。于是，女人就成了这种恐怖逻辑的囚徒："一切都有位置，一切都在其位。"事实上，这是强迫症的欲望所投注的客体世界的外在表现。当欲望的动力基本枯竭时，也只有那时，他才可以默默地享受这不幸的欲望。

但是，实际情况当然不会如此发生。由于女人并不是完全死掉的，因此强迫症迟早要陷入紊乱的痛苦。事实上，一旦这个无法触碰、不容触碰的崇拜客体开始活动，那么紊乱和失序便会紧随其后。一旦这个女人被某个他者所欲望了，那么强迫症那个假设的免疫一切的世界就会发生动摇。在这种情况下，被爱的那个女人便不再和理想化客体有任何关系。然而，她并不会在倒错的情况下变成一个罪孽的、卑鄙的、可憎的客体。相反，女人此时成了一个可以逃离、可以被失去、可以逃脱控制的客体，而强迫症则会可怜地追回这个失去的客体。

倒错会避开和虐待他那可憎的客体。与此相反，强迫症则会尽可能地请求原谅。他想成为一个被压倒的、有罪的烈士，准备着牺牲一切，忍受一切，以便情况会有所回转。只要这个客体可以回到他身边，强迫症会像坚守死命令一样表现出癔症性，甚至比真正的癔症更加严重。重要的在于魔法般地消除这种缺失；女人客体必须回到那个惰性的、远离欲望的客体位置上。然而，经验指出，最好的牺牲也是无用的。由他者欲望突然出现所带来的裂痕，会导致强迫症陷入一种丧失的领域，即阉割领域。这构成了强迫症的担忧与倒错的担忧之间最为关键的差异。

由于强迫症并没有倒错的那种"备胎"，因此他在否认阉割方面得不到任何支撑，即没有任何想象的表象，而倒错可以利用这种表象维持自身的享乐。在强迫神经症身上，对女人的理想化只是一种魔法般幻想的创造物，这种幻想绝不可能成为坚固的堡垒。他者欲望的最初标志总是非常关键的，因为它迫使强迫症去质疑自身神经症的次级获益；这种标志体现了阉割以及他者的缺失。倒错很珍视他所创造的这种理想女人的幻想；而强迫症则努力维持着这种理想，对于他而言，这种理想只是俄狄浦斯式前历史的遗迹，是一种对于阳具认同的怀旧，强迫症只能用父亲的律法强加的"拥有"所带来的不适感来交换这种怀旧。在这个意义上，我们可以说，强迫症就是"成为"① 状态的浪漫主义者。

---

① 编者注：在拉康的理论中，"成为阳具"代表着一段幸福时光，此时儿童将自己体验为能够满足母亲欲望的客体：成为她的阳具或与阳具母亲成为一体。

癔　症

在与女人的关系方面，我们也可以指出男性癔症和倒错的一些区别特征。

然而，在男性癔症身上的情况比在强迫神经症身上的要更加生动和丰富。男性癔症与女人的关系还是比较模糊的（即便在某些方面很像倒错与其客体的关系），因为癔症结构会有倒错的表现。男性癔症与女人客体的关系常常在一开始就受到异化，即在他的表象中，女人被理想化，从而被放置在一个不可触碰的神坛上。但是，此处我们应对的并非一个感受不到欲望的、纯洁的、无法触碰的圣女。相反，女人被崇高化为一个珍贵的客体，这只是因为她是可被欲望的，也是欲望着的。她对于癔症来说，只是一个提高其威望的方式。

倘若主体要理想化女人，那么她便必然成了一个无情的诱惑者，常常被置于着了迷且心怀嫉妒的他者的目光下。对于男性癔症而言，最重要的在于，女人决不能从这个位置上跌落，否则她会立即失去其一切诱惑性的优势。她一旦走下神坛，便成了一个具有威胁的、令人讨厌的客体，这个客体必须被毁灭。她必须为自己跌落神坛而赎罪，而癔症的力比多经济是为了自己的舒适而将女人放置在神坛上的。

当然，被理想化为展品的女人和突然跌下神坛并为此付出代价的女人，两者之间有着非常微妙的交互作用。我们在此会发现癔症与阳具的矛盾关系（参见第十四章）。对于男性癔症而言，女人构成了非凡的客体，这使得他可以确定自己占有阳具。正如我们进一步所见，对于癔症而言，阳具的问题仍然严格地被限制在没有阳具上。因为男性癔症并不觉得自己拥有阳具，他对女人欲望的回应是他没有阴茎，或者不完全拥有它，其常见的症状就是阳痿和早泄。

这就是为何癔症在其对女人的表象上发生了突然的转变。只要女人还是一个诱惑性的、美丽的客体，可以提高癔症的威望，那么一切就还好，因为女人只是被放置于每个人的目光下的一个阳具性赞美的客体。因此，癔症便可以巩固其症状，即癔症想到自己曾经被剥夺了阳具，然而通过女人，通过他者目光中那个耀眼的客体，他还是能够得到阳具的。于是，女人成了被嫉妒地占有的所有物，同时她又不受限制地受到赞美。她越是遭到他者的垂涎，癔症越是能接收到这种矛盾性的确认，即女人被垂涎，只是因为癔症的阳具通过女人被人垂涎。于是，一旦这种客体成了癔症不可剥夺的财产，只要阳具的占有不成问题，那么一切都是最好的。

当然，这里的前提是，这个女人客体自己不能太过有欲望，否则她会发现，这种理想状态会变得复杂起来。倘若女人开始欲望，尤其是她欲望着最为忠实的追求者，那么问题就出现了，即女人的欲望会迫使癔症去面对阳具客体的占有这一问题。倘若她欲望，那是因为她缺失了某种他者被假设拥有的东西。但是，这就是问题所在！结果就是，女性客体成了一个令人担忧的迫害者，因为她在无情地谴责男性癔症，要求对阳具的所有权进行测试。在这一刻，对女人魅力的保证突然完全反过来了，这导致了一系列的症状，这些症状通常还伴随着癔症的性别改变。

真正的麻烦开始了，这个理想化的客体不仅显露出自己的缺失，而且还开始有了强势的要求，这种要求代表着欲望，一种像引导我们每个人那样引导她走向客体 a[①] 的欲望。在这种追寻中，男性癔症由于他相对于阳具的症状性的位置而提前失去了竞争权。正是在这种辩证关系中，女人客体从先前被理想化的角色转变为一个更加可憎的角色，因为她此时显得像是一个可以被丧失的客体。

在这一点上，有关"所有权"的整个想象场景都是不稳定的，阳具客体的理想化化身也消失了。我们可以理解，为何在无意识层面虐待女人，是为了摧毁女人客体身上缺失的标志，因为癔症在这崩溃的时刻，必须面对女性他者身上代表缺失的能指。[②] 似乎合乎逻辑的一点是，癔症摇摆于一种典型的矛盾心理中，一方面是对客体的敌对态度，另一方面是赎罪态度，这种摇摆态度表明了癔症对

---

① 编者注：在拉康的理论中，客体 a 代表着欲望的不可能的客体，这使我们确信两性之间确实存在互补性，确信我们可以在他者身上找到我们缺失的东西。

② 编者注：女性他者身上代表缺失的能指不仅指弗洛伊德意义上女人受到的阉割，还指我们所有人身上存在的缺失。这种缺失使得对他者的欲望成为可能。阉割场景在于不得不接受母亲（他者）身上的缺失，并意识到，没有人能够拥有或成为可以填补自身缺失的东西。

于阳具的永恒矛盾态度。

但不论哪种态度，客体都必须得到掌控。这导致了一种炫耀性的敌意，癔症对女人保持着这种敌意，这是为了确保自己拥有着女人。但是很快，癔症就会被自己的摧毁企图所压倒，他会转向一种赎罪心态，产生一种魔法般的转变，即他再一次试图恢复所爱客体的美好和优雅。在这种转变中，我们可以观察到癔症结构最为基本的特征之一，即为了他者的欲望而异化自身的欲望。重要的是让自己为他者服务，这是为了将女人重新放回到她所跌落的神坛。在这种赎罪情景中，原谅的代价不会太高，癔症会让自己变成一个受害者，随时准备着为了理想化的客体牺牲一切。

人们越来越关注羞辱的机制，因为这些机制证明了，癔症对自己的表象是一个不值一文的客体，而这种表象背后隐藏的是一个难以承受的想象性自恋伤口。我们很熟悉这种不值一文：癔症觉得自己与所爱的女性伴侣之间是不平等的，由于阳具客体的缺失造成幻想性灾难，因此他寻求女人的宽恕。这种不值一文就是他在女人眼中没有阳具客体的证明，而女人常常成了这种缺陷的救命药。这种赎罪场景是无穷无尽的，因为重要的是，癔症为了所爱的女人准备做出无限的牺牲。

无论如何，我们在此看到的是欲望和爱之间的一种悲剧性混淆。这就好似对女性客体的爱不得不成为欲望的唯一抵押物。男性癔症越是爱，他越是会反抗欲望。事实上，他的爱的无限展开，只是为了更好地消除他者身上的缺失。这解释了为何癔症总表现得像是一个英雄，在他对女性他者的爱的战场上做出了牺牲，或者又表现得像是一个悲哀的退伍老兵，为了所爱女人的荣誉忍受了很多牺牲，而这些牺牲一直没有得到承认。

为了赢回失去的客体，男性癔症准备好付出一切。此处，我们可以发现所有神经症都具有的盲目性：这种爱的牺牲越大，他者欲望的扰动越是会被消除掉。正是在这种误解的基础上，癔症为了自己能进入到阳具功能中花费了很大的代价，但却使自己的欲望得不到满足。换言之，在癔症的欲望逻辑中，其欲望的满足与其对赎罪债务的夸大程度成正比。

我们要补充最后一点，即抛弃理想化的女性客体与她转变成毁灭客体之间的关联。我们通常可以在这种转变中观察到一种模式，这种模式似乎是一种元心理学的转变，并体现为一种暴力。这里涉及的是一种断裂的元素，这种断裂体现出了缺失和丧失，而后者则是维持欲望的唯一驱动力。在这种暴力感觉背后（既是道德上，也是身体上的暴力），我们发现了一个为人熟知的过程，即行动上演（encatment）：癔症性危机。这种危机就是情欲投注在欲望的客体之上的力比多卸载。事实上，我们可以将这种暴力发作视为"沙可（Charcot）式癔症危机"，前者虽然在形式上有所缩减，但在效果上两者是相同的。前者危机的规模尽管较小，但也构成了典型癔症危机的主要片段：其前驱期一般体现为一种解释性的多语症；而痉挛期则象征性地体现为一种剧烈的分裂危机；最终期则一般体现为典型的情绪崩溃、抽泣、呻吟、各种悲痛。此外，这种最终期也会开启之后的阶段，即宽恕的赎罪阶段。

我们很容易发现，在某些方面，男性癔症的欲望经济乍一看会被误认为是倒错。然而，尽管其临床形象让我们想起某些倒错症状，但它和倒错结构没有一点共同之处。这两种精神组织之间的绝对结构性差异，是由癔症铭刻进阳具功能的方式所决定的。

第三部分
癔症结构
——
第十章 │ 癔症结构与阳具逻辑

我们谈到癔症结构，就像是在倒错问题上一样，我试着描述一些基本的结构特征，并且指出，在欲望的辩证和阳具问题上，我们可以发现癔症组织的锚定点在哪里。

在拥有或不拥有阳具这个问题上，阳具逻辑在几个关键点上有了特定的转变。尽管在癔症身上我们处理的是一种结构特征，但是从成为到拥有的过渡，一般都确实出现在俄狄浦斯过程中，这是精神组织的一个普遍方面。癔症的特殊之处在于处理拥有问题的特定方式。正如我们所见，从成为到拥有的过程，主要是由父亲的干预决定的。想象父亲完全体现为一个剥夺者和一个挫折者，而且他还体现为一个禁止者（多尔，1989）。这是因为母亲认可父亲为拉康所说的"颁布律法者"，由此儿童开始意识到，母亲的欲望被铭刻在了拥有的维度上。由于父亲这一剥夺者将儿童的欲望问题从成为（成为母亲的阳具）的维度上抽离了出来，因此父亲必然会将儿童导向阉割的范畴。

此时，儿童开始有了阉割的观念，他发现自己不仅不是阳具，而且他也没有阳具，就像他同时发现，母亲也在被假设可以发现阳具的地方欲望着它。因此，父亲得到了作为象征父亲的全部功能，而母亲也承认，只有父亲的话语能调动起她的欲望。在这种对母亲欲望的新的调动中，我们可以看到儿童的体验，即儿童建立起了想象父亲，并将之视为阳具的守护者角色。

我尤其想强调癔症结构组织中，成为和拥有这一辩证法的颠倒。拉康（1957—1958）对于这一点及其对阉割情景的影响，做出了一个很有价值的解释：

> 为了拥有（阳具），首先必须面对的问题就是，我们没有它。这种阉割的可能性对于拥有阳具这一假设是必不可少的。正是在这里，我们有了必须走的一步，正是在这里，在某一时刻，父亲必须真正有效地干预进来。

总之，在癔症身上，最重要的问题就是在征服阳具过程中这"必须走的一步"。正是通过这种征服，儿童才可以从阳具性敌对中解放出来，而他先前把自己和想象的父亲都放在这种敌对关系中。征服阳具的成果，也就是弗洛伊德所谓的俄狄浦斯情结的消解。显然，这种消解直接依赖于父亲的阳具归属问题，而这一点又是癔症的欲望逻辑开始运转的时刻。

正如拉康（1957—1958）的观察，父亲必须为这种归属给出证据，癔症的整个欲望经济都在对"给出证据"的症状性测试中被消耗了。于是拉康再一次解释了癔症的神经症性失败所基于的这种精神阈限：

> 于是（父亲）作为这样一个角色干预了进来，他拥有阳具，而非成为阳具，于是这样一种情况出现了：某些东西将阳具功能建立为母亲所欲望的一个客体，而不仅仅是父亲可以从她身上剥夺的客体。

癔症不断地对阳具的归属进行质疑和抗辩，他摇摆于"某些事物"之上，这些事物源自两种精神选择之间的不确定性：要么父亲合法地拥有阳具，这就是母亲欲望父亲身上的阳具的原因；要么父亲拥有阳具，只是因为他从母亲身上夺走了阳具。主要是后一种选择，促使癔症不断地测试这种阳具的归属。

接受父亲是唯一合法的阳具守护者，就是在没有阳具的基础上，使我们的欲望导向父亲。而另一方面，以父亲只是剥夺了母亲的阳具才拥有阳具为理由来抗辩，则有可能提出一项永久的索求，其依据是母亲也可以拥有阳具，母亲其实也有权利拥有它。

我们很容易看到，在俄狄浦斯辩证法层面上，父亲和母亲在有关阳具归属的问题上的每一种模糊性和矛盾性都促进了癔症组织的形成。我曾指出，强迫症是对成为阳具这一状态的一种怀旧，我们也可以说，癔症是为了拥有它而进行的军事斗争。这种对于拥有阳具的索求，揭示了癔症最为显著的一些结构特征。但是，我们应该注意到，性别差异在此也起了作用。尽管癔症的索求在外显行为上采取特定的性别形式，但是在这种质疑和征服背后，本质上还有着同样的幻想：主体由于不公而被剥夺了对阳具的归属，因此他必须再次获得它。不论是如拉康所言，女性癔症"假装自己是个男人"，还是男性癔症折磨自己，以证明自己的阳刚，两者的动力是一样的。两者都怀有同一种幻想，就是假设占有阳具所带来的幻想，对于两者而言，这种幻想都意味着他们承认了自己并没有阳具。

第十一章 | 癔症结构的特征

在精神分析文献中公认的一点是，癔症具有一种转换症状的趋势。同样，我们可以说，癔症的特点也包括恐惧症状的形成，其通常还和焦虑有关。而这些标志在诊断上的作用甚微，它们并不可靠，因为它们仅仅只是症状分类的一部分。正如我们所见，当我们要进行严格的诊断评估时，这些临床指征是完全不够的。它们只是一些初级的信息，需要得到对结构特征探索的验证。我们要记住，癔症的标准临床表现是一回事，而我们要明确这类症状分类只能具有一种纯粹的症状分类功能则是另一回事。

大多数人都同意的一点是，癔症主要包括三个范畴：转换型癔症、焦虑型癔症、创伤型癔症。从症状分类的角度看，这三种类型分别基于特定的症状，精神病学对此的分类正是如此。但是在精神分析的临床中，这种体系的用途非常小。不论我们处理的癔症是哪种类型，癔症的潜在欲望经济基本上是相同的，这种相同的经济仅仅基于结构特征，即指出特定结构的更深层指征。某个病人可能倾向于躯体转换，另一个则主要表现出恐惧症状和焦虑元素：只有成功阻滞神经症的欲望经济的运作，也就是说，能超越症状而触及结构的层面，我们的干预对这两类个案才会有效。

此外，我们不应忘记，癔症症状也可以体现在其他结构组织中。因此，我们必须注意对结构特征进行严格解析，而不是去追踪症状。

对于这些结构特征，我首先想讨论的是，癔症在与他者欲望关系中所受到的主体性异化。事实上，这是构成癔症结构功能最重要的元素之一。为了理解癔症的特定本质，我们必须回到"拥有"的问题上，因为这是癔症欲望的核心问题。

倘若俄狄浦斯欲望的客体（即阳具）就是癔症感到自己被不公地剥夺的东西，那么他只能把自身欲望的问题放置到被假设拥有阳具的人身上。在这个意义上，他只能参照他者来质疑自身的欲望动力，这个他者总是被假定为拥有一个谜题的答案，这个谜题便是癔症自身欲望的起源和运作。

于是，我们可以看到，他者是如何支撑起这些认同过程的。所谓的癔症性认同（弗洛伊德，1921）就来源于这种异化，而这种支撑可以由一个女人或一个男人带来。比如说，一个女性癔症很容易认同另一个女性，只要后者被假设为知道如何回答欲望之谜：倘若一个人被剥夺了其有权拥有的东西，那么他该如何欲望呢？一旦某个有欲望的女性展现出"没有这个东西"，但在被假设为拥有它的男性身上欲望着它，那么这个女性对于癔症而言，仿佛就是那个知道如何回答她的疑问的人。因此，我们发现，癔症会认同这种模式。

当然，这种认同只是一种神经症计谋、一种盲目，这种认同根本无法提供所期盼的答案。相反，它只会引起欲望经济中神经症式的不满。正如拉康所言，这种方式其实取消了"必须走的那一步"，即为了在将来获得阳具而接受我们阳具的缺失。诚然，接受我们没有阳具，这意味着认同为女性，即一个没有阳具，但在被假设拥有阳具的男性身上欲望着阳具的女性。

然而，癔症也可以认同一个没有阳具，因而开始索求阳具的女性。我可以毫不犹豫地称这种认同策略为"军事认同"或"基于团结的认同"。这种情况也会导致和前者情况相同的盲目，因为这种情况也否认了主体和对阳具的欲望之间的关系。

不论如何，这些认同过程都体现了癔症主体在与他者欲望的关系中受到的异化，尤其是，他们的欲望从属于他们事先所假定、感觉，甚至想象的他者的欲望。这种过度活跃的想象使得他们容易受到各种暗示，这种暗示的影响常常在两种条件下起作用：第一，癔症赋予了暗示者一个特权地位；第二，癔症必定觉得，自己有能力回应他所相信的他者对他的期待。这种特权地位就是主人的位置，主人就是如此被癔症所建立起来的，因为主人被假定为知道癔症在自身欲望方面所努力误解的究竟是什么。

在这个意义上，只要在合适的环境下，任何人都会发现自己被投注了这种主人功能。这种情况常常会变得非常复杂，尤其是当被捧上王位的人对这个角色不感兴趣时。对于这种情况，拉康的观察非常到位：癔症需要一个他能够掌控的主人。然而，倘若他者哪怕展现出一丁点癔症在幻想中赋予他的特征，那么这个他者就会立马成为"天选之人"，癔症欲望的僵局的那些盲目性特点都会在与这个"天选之人"的关系中展现出来。"天选之人"要做的就是在现实生活中用少数例子来确证这种幻想角色，从而让癔症能够强化自身神经症经济的运作。

对这些常见场景的检视可以展现出癔症的欲望在他者欲望中受到的异化。比如说，"给某人一些好处"就是一个例子，这种例子常常主导着伴侣之间的主体间互动过程。癔症有一个独特的倾向，即搁置任何个人品质的表达，而去强调伴侣的品质。他们会无条件地护卫他者的想法、信念、选择。

一般而言，这种为他者服务的激情，在女性癔症身上更为明显。这类主体会奉献出自己的一切才能，并为他者能从这些才能中获得声望而欣喜。而男性则会伪装起来，他们会认同这个获得好处、获得象征性地位的角色，而这正是癔症所赋予他们的角色。

这种自我牺牲还体现出癔症的另一个基本方面，即"展示自己"。这种展示是通过置换而出现的，因为为他者服务常常意味着试图通过他者来显示自己，利用反射光线来闪耀自己。这种依赖性通常意味着一个人为了他者而放弃自身的某些欲望。因此，这里出现了一种双重捕获：在表达自己的欲望方面牺牲自己，同时通过将自己与他者混淆，并不断地将自己所相信的他者拥有的欲望推到前台，从而套住他者。

这种癔症倾向具有几种典型的形式。因此，为了取悦或满足癔症所想象的他者的快感，癔症很想做出一种自我禁欲式的牺牲；我们可以在历史上的传教士身上看到这种版本。而且我们还记得"安娜·欧"（"Anna O"）（弗洛伊德和布洛伊尔，1895），她创建了一个著名的慈善组织，组织起一些社会工作者。而对于男性，我们可以想到那些"战争老兵"，他们通过吹嘘自己为家庭、工作和其他福祉所做出的巨大牺牲，从而在神经症中实现次级获益。

尽管"拥有"这一元素是癔症的欲望经济的永恒底色，但是在某些时候，由于癔症没有阳具，因此他们会倾向于认同阳具，即成为阳具。这与前种情况并不矛盾。相反，这是癔症与拥有的关系的一种推衍，在这个意义上，这也是癔症结构的另一种典型特征。

所有的癔症身上都会或多或少以具有侵入性的方式残留着一些痕迹，即从母亲身上索要爱的原始哀歌的痕迹。因为癔症总是觉得自己没有从他者那里得到足够的爱，没有从母亲身上接收到他所期待的那种爱。这种爱的挫折总是涉及阳具的范畴。因此，癔症认为自己是母亲欲望下的一个可怜客体，其与完整而理想的客体（即阳具）相对立。

从这种与母亲欲望的客体的贬低关系中，我们能够发现其最为显著的影响是在癔症的身份感领域。癔症的身份总是不满的、有缺陷的（换言之，部分的），与此相对的是一个理想的、完整的身份。因此，癔症为了将这种有缺陷的身份补充完整而所做的一切努力都是徒劳的，因为这些努力永远也不可能带来满足。显然，这种辛苦活动背后的幻想是，一开始就要成为他者的理想客体。我们从未有过成为理想的客体的设想，这种强大的假设决定着癔症的欲望经济最为独特的特点。

弗洛伊德曾经提到过，癔症的主要欲望就是，其欲望是不满足的欲望——参见对"烟熏鲑鱼之梦"的讨论（弗洛伊德，1900，147—151页）。癔症主体会将自己限制在一个无可辩驳的精神逻辑中：为了维持自身的欲望，他决不能给这一欲望提供可能带来满足的客体，于是这种不满足就会重新激发起欲望，使之陷入一种追求理想存在的狂热中，但这种追求却是越来越远。

总之，由于癔症所追求的东西总是围绕着对他者欲望的理想客体的认同，而且他的所有努力也是服务于阳具性认同，因此我们能毫不意外地发现，癔症总是会被这类情景所强烈吸引，即想象性认同能够登上舞台的情景。于是，我们发现了通常所谓的癔症的阳具性自恋。由于阳具性自恋总是发生在性别差异问题的开端，而性别差异问题只有通过接受阉割才能被解决，于是癔症采用这一策略就是试图避开"拥有"的问题，避开那注定要面对的缺失。

癔症的阳具性自恋常常具有一种明显而不变的形式，即"展现自己"，这是一种舞台表演的形式，癔症在其中的主要目的就是让自己处在他者的目光下，成为欲望的理想客体的化身。因此，癔症必然从身体上，也从言语上认同这一客体。最重要的就是展现为一个耀眼的客体，可以让他者着迷的客体。

癔症所采用的一切诱惑性手段都基于阳具的闪耀。这是因为在癔症身上，诱惑从根本上来说总是服务于阳具，而非服务于欲望。换言之，强化对阳具的想象认同，比强化对他者的欲望更为重要。无论如何，必然出现的情况就是，癔症要引发他者的欲望，让他者去欲望这个具有魅力的客体，这个客体体现为能满足他者缺失的客体。但是，更为重要的是要让他者悬置在这个过程中。只要他者在追求着这个客体，癔症就能维持自己阳具性认同的幻想。但是，我们都知道，一旦他者不再追求，并想操作自己的欲望，那么他就有可能被癔症扫地出门。事实上，癔症才是主人，他们不让自己得到自己想要的东西。

从认同他者缺失的客体这一角度来看，男性癔症和女性癔症的问题是同样的，因为问题就在于癔症在面对阉割时将自己放在哪个位置。另外，根据主体的性别差异，神经症的策略也有所不同。对于女人而言，与拥有的关系在于"没有阳具"；而对于男人而言，这个关系在于"被假设拥有阳具"。这种在拥有领域的差别，会导致不同的实现途径，这些途径对于主体的性别是非常典型的。我们在下一章将看到，我们所发现的女性癔症和男性癔症的差别特点，正是与性别相联系的。

第十二章 | 女性癔症和性别

基于欲望，与他者生殖器的关系总是为了他者的阳具。于是，一个女人便要在男人身上找到他其实根本没有的东西。相应地，被投射到女人身上的某些阳具维度也调动起了男人对她的欲望。而在两者身上，彼此都被假设拥有着对方所没有的东西。换言之，正是缺失这一元素主导着性别关系。

于是，让自身构成他者的阳具，这常常意味着拒绝面对这一缺失，而这也是癔症典型的幻想状态。反过来，承认缺失也必然总是代表着对他者阉割的承认。因此，男人和女人之间的欲望循环基本上取决于相互承认彼此身上的阉割。对于男人来说，这种循环开始于，他在"我没有阳具"的情况下将自己呈现给一个女人；对于女人而言，则是她在"我不是阳具"的情况下呈现自己。因此，我们能清晰地看到，当面对与他者性别的关系时，癔症总是涉及一种不可能，这种症状性的不可能是由不满足的欲望所带来的。反过来，这又来源于一个事实，即癔症决不承认这两种阉割的体现。

我们先来看看女性癔症与性别的关系；在下面的章节中，我们将讨论男性癔症的情况。

与性别的关系完全是由多种现实因素所决定的，这些因素成了癔症的欲望逻辑的支撑。尽管这些基于现实的支撑都有所不同，但它们总是会被选择，因为它们的目标是相同的：一个癔症为此牺牲的理想。女性癔症总是以这种理想的名义不断地追求完美。更准确地说，我们要处理的是一种对完美的要求，这种要求也被某些文化和意识形态的范式所支撑着，其开始于这样一个观念，即女性和美丽本质上是相连的。

观察到女性癔症会不断地被对美的关注所折磨是一回事，而发现美总是盖过了女性性，甚至于要取而代之，则是另一回事。奇怪的是，陷于追求完美的理想而关注于美，这常常体现为一种消极的自我评估："我太……了""我得到的太少了""我看起来糟糕透了""我的身材应该是这样""我的脸应该长那样"，等等。

乍一看，所有这些都没有什么异常，因为每个人日常的自恋都会偶尔受到考验。但是，对于癔症而言，这种考验占据了压倒性的比例；对于女性癔症而言，自恋是绝对的。由于个人对于美的幻想系统常常与想要或能够取悦他者的方式联系在一起，这一观点便尤为正确。而这种取悦他者的愿望本身其实并不需要一种对美的全方位的要求，即不需要完美到让他者对我们的评估达到律法的地步。尽管想要取悦他者涉及获得他者的关注，但获得这种保证，并不需要达到极致完美的地步。

　　但是癔症完全没有理解这一区别；癔症有一种隐秘的希望，即渴望达到完美的境界。在这一点上，癔症的策略是盲目的，但却是自身的真理：诱惑他者，以使他者完全沉迷其中，完全被征服。女性癔症这种疯狂的努力就在于，坚持幻想他者会为这个完美的化身而痴迷。幸运的是，对于一个承认阉割的他者而言，这绝不会成功。

　　当涉及完美的理想时，癔症的评判最为刻薄。没有什么可以完美到抹去一切不完美和有缺陷的痕迹。这种专断的要求不可避免地会导致症状的出现，而其中最令人惊讶的是，癔症面对一切永远都是犹豫不决的。无论是普通的、日常的琐碎之事，还是更重大的、更长远的问题，我们都会发现同样的症状策略在其中发挥作用，比如说挑选衣服、鞋子、牙膏，或是挑选恋爱对象的时候。尽管这种选择过程最终会因为精疲力竭而结束，但选中的客体仍旧是不确定的、受怀疑的、会后悔的客体。而由此产生的无休止的徘徊，只会强化最初的犹豫，因为任何选中的客体，都不像最初放弃的客体那般让人放心，都不如最初放弃的客体那样充分发挥其功能。

　　在选择恋爱对象方面，这种犹豫问题最为尖锐。在此，癔症遭受着一种痛苦，即没有确保的标准。由于投注的本质，女性癔症在恋爱上会酣畅地折磨自己。在这个领域，她会体现出癔症结构最为明显的某些特征。在癔症与他者的关系中，当她做出了一个错误的选择时，"在此又不在此"是一种有效的逃避策略。从癔症的欲望经济角度来看，这种倾向非常重要，其永恒的特征就是永远得不到满足。

在这个意义上，我们可以说，对于完美的竭力追求其实表现了其反面——永恒地确信自己是不完美的。因此，我们可以理解为何癔症如此善于伪装了，她试图通过伪装来掩盖自身的不完美，而她将这种不完美感受为精神上无法承受的压力。任何事物都可以服务于这种掩盖：衣物、首饰、角色扮演、浮夸的认同。任何事物都可以用于创造更大的吸引力，获得他者的目光，而他者是被假定为非常没有魅力的。这就是癔症完全不本真的一面，也是她犹豫和多变的基础。

同一种现象的另一个方面是，像对待身体的完美一样，女性癔症对自己的道德和智商也感到不安。她的缺点绝不仅限于身体上可见的局限。这些缺陷会延伸到智商和心灵层面，于是"伪装"也会出现在这些领域，也会运用同样的掩盖技巧。女性癔症最喜欢的表达就是"我好无知"，这体现了她由于感到自己在他者眼中不够聪明、不够有文化而承受着多么大的负担。当涉及智商时，这种情况有时像是一种真正的迫害情结。她的不断的哀怨表现出一种症状性抑制，伴有一种熟悉的主调："读书也没有用，因为我什么也记不住""别人对我解释的一切我都搞不懂"；等等。

这种与知识的关系也为意识到不完美所产生的痛苦提供了养分；

事实上，用可以掩盖身体上的缺点的技巧或错觉来掩饰智商上的缺陷则要困难得多。当有人要在知识领域欺骗时，没有人会像癔症一样如此谴责这些掩饰的技巧。对此，女性癔症有着最严苛的判断和审查：任何疏漏都不能放过。由于知识必须是绝对的，因此癔症会毫无保留地相信一种幻想："要么你知道，否则，你完全就是无知的。"当一个人无法证明自己知晓一切，但又假装自己多少知道一点时，那么这个人似乎就是卑鄙的，甚至是个骗子。

因此，癔症从一开始就会说服自己，她决不可能掌控哪怕一丁点知识。在这种情况下，她会诉诸"伪装"的策略，竭力试图成为他者知识的反映。为了获得他者的思想，她会通过一种想象的黏合成为他者无条件的支持者，从而让自己成为他者纯粹、简单的复读机。我们在此又一次看到癔症的结构特征，即既处在又不是真正处在自己的欲望当中。让自己成为他者知识的喉舌，女性癔症如此克服了自身的缺陷。要成为一台"复读机"，就必须时刻关注于取悦他者，让自己成为填补其缺陷的客体。为了取悦他者，女性癔症首先必须像他一样思考，接着像他一样说话（倘若她能找到更好的条件，那就是最好的情景），从而站在他的立场上思考和说话。这种无自身实质等同于一种投射，即消融在他者的欲望中，因此而仅仅成为他者的反映。

在这种情况下，我们发现，癔症会让自己处在一个特殊的服务位置上，服务于某个被选定的主人，这个人事先就被确立为一个全知者的角色。癔症努力成为他者思想的反映，因此癔症话语的特点就是成为他者话语的话语。在这个意义上，所有人的话语都可以被借来。

无条件地黏合着完美体现了癔症的另一个特征：认同于女人这一问题折磨着每一个癔症，甚至她的女性身份都成了问题。常见的情况是，女性癔症为了努力达成自己的女性性，总是固着于一种或另一种女性模式。在历史上，我们还记得杜拉（Dora）的个案（弗洛伊德，1905b），她被 K 夫人（Mrs. K）的性格和魅力所捕获。弗洛伊德很快就意识到，这种认同过程的变迁，便是癔症最为基本的功能之一。正是在这个维度上，我们发现了癔症的同性恋倾向，这种同性恋倾向更多地与认同过程有关，而不是与恋爱客体的选择相关。

倘若癔症如此容易被另一个作为模范的女人所迷住，这是因为，这另一个女人被假设拥有回答这个问题的答案，而这个问题对癔症至关重要：女人意味着什么？正是因为这个核心问题，癔症性的同性恋并不会将女人选为理想的恋爱客体。相反，在这种同性恋式的混乱性关系中，癔症总是在努力变得像她，像她一样生活，像她一样做爱，拥有她的男人，等等。换言之，此处的情况是，癔症基本上是在模仿这另一个女人，她假设这个女人有着完美的女性身份。

对女性模范的模仿让我们能够理解女性癔症在伴侣关系上的某

些特点：完成对女性模范的盗用，至少涉及共享她的选择和品位。所以，只要再往前走一步，女性癔症就会窃取另一个女人的恋爱对象。经验显示，某些癔症能很容易地勾引到朋友的男性伴侣，这只是因为另一个女人的伴侣总是比她自己的"更合适"。于是做出正确选择的问题又回来了，即另一个男人总是比现在的男人有着更多、更好的东西。另一个男人就像是女性癔症没有选择的衣物或鞋子；另一个男人总是显得比她已选择的这个男人要更令人满意。于是，接下来的就是同样的场景、同样的哀怨、同样的幻灭。

正是在对恋爱对象的选择中，女性癔症会尽可能地维持与完美理想的黏合。这也就是为什么蔑视扮演着如此重要的角色。癔症试图得到一个事先能保证回应她一切要求的男人。在这种策略下，她不自知地没能意识到，以这种方式是绝不可能遇到能应对一切要求的男人的。因此，某些女性癔症会过度倾向于选择一个无法企及的伴侣；男人越是无法触及，她越是会维持一个幻想，即这个恋爱客体是不会让人失望的。

这可以解释癔症的一种倾向，即选择一个"陌生人"作为伴侣，这并不仅仅在"陌生"这个词通常的意义上如此，这也尤其体现了"陌生人"本质上完全就是一个"他者"。他越是陌生，越是能填补得不到的伴侣这一想象角色。此外，倘若他在现实中是个陌生人，与癔症保持着遥远且永恒的距离，那么他就会变成她的梦中情人。

另一方面，只要"陌生人"进入了此时此刻的日常生活，他身上的理想品质就会急剧下降，他再次变得像其余的他者那样令人失望。我们可以说，这就是癔症那珍贵幻想的起源，即幻想成为跨洋水手的妻子（"太棒了，因为当你们再次见面时，那种感觉太好了！"）或者成为常年在南极工作的工程师的女友。这些特定的场景可能并不是共通的，但是我们可以想象出对于这一主题的诸多变体。女性癔症可能找到一个更为实际的解决办法，即选择一个处在另一段关系中的男人作为恋爱对象，从而维持这种理想男人的想象。正是因为这个男人属于另一个女人，所以他才能称为她的唯一。于是癔症会感到沮丧，因为她唯一感兴趣的男人是无法得到的。

在癔症选择恋爱对象所经历的各种磨难中，我们可以观察到一种持续的特点：她沉默地（或者说怪异地）抱怨着男人。一切选择的标准都会变成其反面。然而，癔症的哀怨只有在一个领域会变得很清晰，即性欲标准。女性癔症会有意识或无意识地在性欲表现方面维持一种特别的谨慎。这种性欲表现是好还是坏并不重要。重要的是，性欲必须成为一种索求或要求的话语的客体。因此，癔症总是嫉妒另一个女人的男人，因为他更持久、技术更好、更不知疲倦。但是，她的抱怨也可以指向一种更为低劣的标准。

这种要求会发挥更大的作用，因为它通常会在男性一方找到一些理由；女性癔症的阳具性竞争强化了对于阳刚的追求。一方面，我们能听到非常经典的癔症性要求："他并不知道如何让我高潮"；"他常常不怎么想做爱"；"他的阴茎太大了"，或在某些时候又说"太小了"。另一方面，我们注意到，这些要求所唤起的男性感受会让阳具能力成为一个问题。男性会在自己的男性幻想层面陷入焦虑，于是会在性爱表现上有着过度的反应。在这种悲剧性竞争中，可悲的误解达到了极端，因为男人由于其阳刚气质受到挑战会竭力证明，他并不是性无能。于是，癔症可以利用伴侣再次兴起的这种努力，让这种努力再次成为失望的来源。我们可以预料到，癔症会说："他总是想做，甚至不问我是不是在状态中。"

在这种剧烈的交锋中，倘若女性癔症并不知道她通过性方面的抱怨所要求的是什么，那么我们必须承认，她的男伴同样也不知道一个女人想要他做什么。抱怨着在性方面不满足的癔症，常常会无意识地处在一个男性位置。她处在阳具性竞争的想象领域中。她在性方面的抱怨体现了一种对于性能力的幻想式标准，这种标准是男性在完美的阳刚气质方面给自己设定的标准。事实上，那些不知不觉陷入对性行为失败或不当的恐惧的男人，往往会因女人可能在这个问题上对他们的任何指责而采取一种富有技巧的、"伪装"的态度。女人很熟悉男人为了避免自己的自恋受到攻击而采取的计谋、谎言以及费劲的防范措施。

倘若癔症在性上的要求具有这种特点，那是因为这可以相应地扰动男人的心弦。癔症越是抱怨在性上没有得到满足，她就越能激起男性在性方面的不满意。反过来，男人在性方面越盲目自信，他越能通过自己的表现证明，癔症完全有理由可以继续从他身上期待更多。我们很熟悉这种"聋子对话"的悲剧，这种对话只会让彼此都筋疲力尽。简而言之，癔症维持着这种抱怨，这仅仅是因为，这种抱怨可以检验她所确信的一点，即她没有得到满足。

女性癔症无法将自己的选择放到她第一个遇到的男人身上，因为这种选择肯定总是有可能被撤销的。这种选择常常伴随着试探、试错，这种试错很适合去维持癔症的犹豫。癔症选择一个男朋友，仅仅是因为他经历了某种失望或关系破裂。癔症想让他明白，她是选择了他，但他只是一个二手货。在此，我们看到了癔症在与他者关系中的欲望背后的精神悖论。"被选择之人"之所以能得到他的位置，只是因为对于完美的要求将他纳入了一种特殊的投注关系。但实际上，他已经被提前剥夺了这个特殊的位置，至少在某种意义上是这样，即癔症会告诉他，他取代了另一个对癔症而言很重要的男人，取代了一个更加合适但得不到的他者。因此，这种伴侣常常是为了填补更好的缺失而被选择的。

在这个问题上，身体对于癔症而言成了首位。女性癔症"给出"了自己的身体（"我把自己交给了他"）。这一礼物式的想象维度带来了癔症的牺牲位置，这一位置又被社会文化的阳具意识形态进一步固化了。从这种意识形态的角度来看，女性癔症在想象中似乎成了一个使男人得以形成的人，一个使男人的不完整得以找到最完美客体的人。于是，丝毫不令人意外的是，癔症会选择"重要的男人"，对于这种男人，她觉得自己在支撑这种重要性方面是不可或缺的："如果不是我……""要是没有我，你什么都不是"；等等。

在这一点上，我想更详细地讨论"重要男人"和癔症的父亲之间想象联结的特定本质。认为癔症总是寻求一个男人来替代父性形象，这是一个常见的错误。被寻找（有时候被找到）的男人决不仅仅是父亲的复制品。癔症在男人身上寻找的是一个完整的父亲，即一个不可能存在的父亲。总之，在选择了癔症想要的男性之后，父亲身上的想象性缺陷得到了填补。女性癔症将父亲所缺失的一切都投到了这个男人身上——他必须比父亲更为强壮、更加帅气、更有能力等。而正是在这个意义上，也只有在这个意义上，这个男人才能成为癔症所寻找的主人。

通常在癔症身上出现的妓女幻想也是围绕这个问题而构成的。这并不是一种向所有男人牺牲的幻想，因为这一幻想只关系到一个人。妓女把自己卖给所有男人，只是因为她严格地服从一个幻想性神话，即她可以把自己交给唯一一个男人，交给处在主人位置上的那个皮条客。而他成为"身体的主人"，不是因为任何专横的原因。这并不是因为他具有特殊的能力或掌控技巧，可以占有女人，让女人们获得性快感。癔症的妓女幻想的能量来源于这样一个事实，即"身体的主人"也就是有缺失的那个人。这就是为什么妓女要给他付钱。他需要她和她的钱才得以完整。她付出的越多，付出的东西越是投入到他身上，他越是显得完整。正是出于这个原因，这种幻想很容易在精神分析情结的语境下被调动起来。

我们在此看到了癔症的一个非常典型的主体位置，这是癔症相对于有某种缺失的男人的主体位置。这一位置和上文描述的与他者的关系不同，在后者中，癔症将自己的完美交给了一个被假设像她一样完美的主人。只要这种"交给"达到了某种程度，我们便离一种精神病位置非常接近了。事实上，确信自己拥有他者所缺失的东西，这对于癔症来说只会成为一种真实的确定性，从而使癔症进入一种短暂的妄想发作中而变得不稳定。倘若这种情况出现了，则是因为主人从未真正占据癔症所赋予他的位置。他总是会从高处跌落，并很快给癔症带来失望。于是，他不再占据癔症所赋予他的完美位置，他仅仅成了一个令人不满的客体。

第十三章 | 男性癔症

男性癔症有着不同的起源，但是这种神经症作为一种精神结构，它与男性和女性都有关。男性身上的癔症很明显会被医生的诊断所掩盖。医学界非常排斥将男性诊断为癔症，因此这种神经症在很多方面都会被伪装。在这些伪装当中，我们常常能发现一种在症状之外寻求原因的倾向，即对于某种合理理由的强调。将自身中存在的事物归结到他者、外界环境上，这似乎是很重要的。因此，我们可以理解，为什么最常用以保护这种伪装的一个因素就是心理创伤。

倘若心理上共振的创伤与身体上的创伤的联系非常微弱，那么男性癔症就会被掩盖得更深。例如，对与工作有关的事故，甚至战争事件，我们可以使用正式的临床分类来掩盖症状的病因。诸如"创伤后应激障碍""战争神经症"等疾病分类学的实体揭示了这种伪装的欺骗性。为了去除症状所隐含的罪疚感，我们可以通过一些官方的承认（病假福利、补助，甚至一些荣誉头衔）来扭曲临床图景——于是，得到承认、补偿、表彰的男性癔症便能更好地炫耀这一切，因为社会尊严是一种最可靠的方式，可以用来避免胜利神经症的曝光。

可以肯定的是，并不是所有的男性癔症病例都利用了这样的伪装。但是，一些男性不断地炫耀创伤造成的精神影响，这种影响体现了他们的癔症，特别是当这些创伤与典型的身体后遗症没有直接联系的时候。

从临床症状学的角度来看，我们没有理由区分男性癔症和女性癔症。至多，我们发现二者在医学话语体系中的定义有所不同，这种话语消除了过度想象的现象，这种现象通常被归于女性癔症的明显表达。男性癔症背后没有三千五百年历史的优势！例如，在男性癔症的背景下，重大癔症危机似乎几乎不存在。我们发现的是一些不太明显的表现，比如感觉不适，晕厥，或者模糊的、弥散的疲惫状态。

然而，有一种男性癔症的症状，会让人联想到"重大危机"，这就是暴怒的发作（参见第九章）。这些情绪的爆发通常被认为是由挫折感引起的。而这种挫折感通常看起来就是日常生活中微小的、普通的、不可避免的压力，但这些挫折以一种自毁的方式表达出来，于是人们可以注意到一种只有在愤怒发作时通过精神释放才能减轻的不适。换言之，愤怒的爆发相当于承认自己的阳痿，其掩饰了一种力比多卸载。

虽然我们在男性身上找不到女性癔症的某些典型表现（麻痹、瘫痪、痉挛、感觉障碍），但我们可以从中发现某种关于身体的恐惧，有时类似于疑病症：害怕心脏病及其所有先兆症状、关节疾病、各种消化障碍、定义不清的神经性疾病等。另一方面，多种转换障碍在男女身上都常常出现，而且男女在心理上和伪装症状上阐述这些痛苦的方式是相似的。

例如，前文所描述的担心被看到或听到，这种担心在男性癔症身上也很明显。然而，女性癔症的"展示"是关于她身体的某一部分，而对于男人来说，这种展示针对的是他的整个身体。在这种自我展示中，本质问题是被看到的欲望、取悦他者的欲望——归根到底，这就是对爱和认可的要求。这解释了男性癔症的一种基本诱惑倾向。这个男人更多展示的是"他自己"，而不是其他任何东西。因此，我们发现了一种必然的自信行为，在这种行为中，男性癔症使用的技巧与女性一样多。在男性癔症身上，诱惑是恋爱活动中的主轴；为了保证自己得到所有人的爱，男性癔症给出了自己的爱，但不会放弃自我。当然，这些都是虚假的关系，因为男性癔症的卷入无法超越诱惑层面。既然他不能放弃任何人，不能失去任何可能的爱情对象，他最首要的就是得到每个人的爱。这里我们看到了一个癔症的主要组成部分，即不满。

为了达成他的恋爱策略，男性癔症将自己分配给好几个人，他很容易同时与这些人谈恋爱。这是一种永恒的癔症状态，我们在癔症生活的其他方面也能观察到这一点，比如选择职业或恋爱对象、做出重要决定，等等。正是他人对某个客体感兴趣，这个客体才成了男性癔症欲望的客体；因此，我们发现，男性癔症总是一个潜在的受害者，总是受到各种暗示的影响。相反，癔症会产生一种永恒的遗憾，因为他无法从自己所拥有的东西中获得任何好处："别人的职业会更适合我""别人的妻子肯定会更令人满意，因为她更令人向往""我没有买的衣服才是最合适的"；等等。我们可以说，癔症的座右铭是，他不能享受他所拥有的东西，也不能从他所拥有的东西中获益，但总是悔恨他没有的东西。

然而，一旦他以某种方式设法获得了他没有的东西，事情就会变得很糟糕，因为他的策略是保持不满。这是男性癔症特有的结构特征：失败或自我挫败行为。当癔症得到他者拥有的、他梦寐以求的东西时，他就会不断地作死甚而导致失败。职业领域的活动特别适合这一目的，因为失败可能会体现得非常明显，于是男人成为暴露在所有人目光中的受害者。

最后，我们有一个非常具体的术语来表示男性癔症结构的一个特点，即失败神经症或命运神经症。

失败神经症是勒内·拉福格（René Laforgue，1939）提出的一种病理学分类，这个术语强调了一种精神结构，即主体最终成为自身不幸的缔造者，在某种意义上，他们显然无法接受他们似乎最渴望的事情得以实现。这就是在成功面前的失败——仿佛这种成功触发了一种自我惩罚的机制，从而拒绝了满足感。这种重复失败的冲动让人想起弗洛伊德（1920）所说的命运神经症，这是一种症状策略，在这种策略中，我们看到一系列戏剧性事件的反复上演。但这种重复在于，主体在自己对失败的归因问题上欺骗自己："这是命运的打击。""命运再次打击。"正如弗洛伊德敏锐观察到的那样，这种失败是主体事先精心设计的，但无意识重复这一决定因素，总是如此体现为一种不可预见的外部事件。

在这种失败综合征中有一些缓和措施，一些过度补偿的过程。在大多数情况下，当两组不相容的元素同时出现时，在成功面前的失败就得以确立了。一方面，癔症身上有一种倾向以明显的方式指向他的野心、他的天赋、他的成功潜力；而另一方面，他又有另一种朝向受害的倾向，把无法兑现这一系列品质的原因归咎于外部现实。换句话说，那支撑主体进步的迹象或元素，似乎充当一个信号，调动起强迫性重复。一旦癔症得以保证他的欲望会得到满足，他就使自己不适合去实现它。结果就是焦虑、抑郁甚至神经衰弱的状态被建立起来，这与女性癔症的情况雷同。正是基于这种由癔症无意识地安排的无能为力，演化出了一个复杂的过度补偿系统，最常见的两种表现是酗酒和吸毒（然而，这并不意味着所有的酗酒者和吸毒者都是癔症）。

在男性癔症的情形下去理解这些成瘾的确切功能是非常重要的。

酒精和毒品为癔症提供了一种补偿元素，让他感觉到自己是一个男人，这一点我们将在下一章节中看到。而在这一章节中，男性癔症与他者的性关系将被考察。癔症不得不努力让自己看起来"像个男人"，而这一点，正如他所哀叹的，正是他自己永远无法做到的。这类有害物质充当了一种中介，使他可以转移他者（男人或女人）的视线。与女人在一起，这使他能够培养一种虚幻的错觉，即他确实拥有他觉得女人期望从他这里得到的东西，即阴茎客体。与男人在一起，这使他有可能以一种同样虚幻的方式把自己展现为一个潜在的竞争对手，也就是对等的人，因为这个作为他者的男人被假设具有癔症抱怨自己缺乏的东西。在这两种情况下，我们观察到癔症的性问题背后潜藏的矛盾，也就是为自己而活与活在他者的目光中两者之间的矛盾，换言之，矛盾在于是为自己而欲望，还是从他者欲望的角度评估他者期望的东西，以此为基础而欲望。

第十四章 | 男性癔症和性

男性癔症的性问题关系到其与他者的关系，在此关系中，主体在努力取悦每一个人。但是在一开始，他与女性他者的关系就在被理想化、不可触碰的女人表象中被异化了（参见第九章）。这常常导致一类行为模式的出现，这类行为旨在避免个人在性的场合下面对女人。

结果就是倒错行为的出现，其中最为常见的一种就是同性恋式的伪装或游戏。这并不是一种基于仅仅选择男性作为爱恋客体的真正同性恋。我们在此看到的最多只是一种仿同性恋，其旨在保证一种次级补偿。由于他者类似于自己，男性癔症得以避免遭遇性别差异。这并不意味着，在男性癔症的关注点上，女性必然是缺席的。相反，女性的确得到了关注，但是，只有通过一种中介的方式，女性才是可以被忍受的。男性癔症的同性恋倾向常常会带来一种强制性的手淫，还伴有一些具有倒错内涵的幻想，以及其他一些涉及女同性恋的情欲场景。

暴露癖是另一种倒错性表现，男性癔症常常将之用作一种对自己身体的呈现（并不像真正的倒错情况下那样展示自己的生殖器）。

通过这种暴露，男性癔症重复着某种仿同性恋的挑逗性场景。由于"伪装"总是由他者的目光所维持的，因此，这使得主体在幻想中能够享受假设中他者对自己的反对和敌意。倘若他者自身也进入了这种想象的捕获，那么这时的享乐是最佳的。事实上，针对男性癔症的每一次丑闻、每一次谴责或逮捕、每一次起诉，都是一份证据，证明了这种欺骗性的场景运转良好（参见多尔，1989）。

除了这种旨在与女性客体保持距离的倒错式伪装之外，男性癔症常常诉诸另一种症状性的表达，即性无能，其可以进一步强化"他要失败"的强迫性重复。不论这种性无能是全然的，还是以早泄的形式出现，都基于同样一种想象机制，即主体混同了欲望和阳刚。

这种混同来源于男性癔症应女性的要求所做出的某种特定诠释。男性癔症决不会将这种要求理解为一种针对男性欲望的欲求式呼唤；相反，他将之理解为一种命令，要求他证明自己阳刚的命令。换言之，就好像这种欲望关系要求他必须证明，自己的确"拥有"女人所寻求的东西，即阳具。由于男性癔症并不觉得自己拥有这种客体，因此他会相应地回应女人，"我没有阴茎"，即他是性无能。因此，这种欲望和阳刚之间的混同，揭露了一种有关这种客体本质的混同，即阳具和生殖器官的混同。在男性癔症的欲望经济中，拥有阴茎在逻辑上意味着拥有阳具。

这一问题最为典型的一个例子就是花花公子的形象。对于大多数这类男人，很奇怪的是，每次与不同女人的初遇总是以他们的性无能告终。但是，这种情况并不像看起来那样令人困惑，前提是我们找到了在花花公子身上运作的无意识机制，这种机制将一些导致性无能的症状特征联合在了一起。首先，他与母亲的关系有着很大的影响。从这个角度来看，我们可以认为性无能是对母亲无意识要求的一种回应：他仍然依恋着母亲。因此，他会让自己体验到无数次经历，在这些经历中，完全或部分的性失败证明了一个事实，即只有他的母亲才是唯一可以调动起他欲望的女人。

这以另一种方式指出，癔症没有阳具，至少在这样一个程度上如此，即母亲让他理解到，她很可能拥有阳具。此外，母亲也让他理解到，他就是阳具。在此，我们看到了一种常见的阳具情况，其中男人作为一个孩子被放到了填补母亲缺失的位置上。因此，性无能成了一种让女人快乐（被假设为女人提出的一种阳具性测试）和忠诚于母亲（将自己呈现给一个女人，这个女人是代表母亲的客体，而非可以消费的客体）之间的妥协。

在现实中，这一过程在花花公子身上体现为，他们不断地强迫去"拥有"一个接着一个的女人。（"看到那里那个女人了吗？我要得到她。"）女人被投注为一种战利品，她可以让男性癔症在对阳刚的炫耀中保持自己对其他男人的竞争状态，而他也确信有这些作为的男人都有阳具。

　　癔症位置与性无能有关的另一种形式就是健身。健身者处在一种永久表征阳具的状态；因为他并没有阳具本身，所以他利用自己的身体隐喻地表达着他就是阳具。在此，阴茎和阳具的混同则是采用另一种形式，阴茎在想象中是由整个身体来代表的，因此需要一遍一遍地证明，不断地确证肌肉的力量。锻炼肌肉隐喻地代表着勃起，而令人心烦的是，这一点在这类主体身上通常是不存在的。因此，阳具幻想以这种特定的方式被组织起来：因为一个女人并没有能够给自己带来快乐的阴茎，当她看着男人的时候，就可以享受这种肌肉—阴茎。因此，健身者夸张的裸露可以由一个事实来解释，即在一次又一次竞争中展示身体，完全就是一种阴茎勃起的比赛。

　　早泄也是相关的一种现象，尽管它来源于一种与性无能有所不同的精神过程。早泄指示着与女性发生性行为时的一种想象的危险；尽管这种性行为是可以进行的，但它具有一种风险，即没能向女人证明：男人的确拥有阳具，并因此可以完整地进行性行为。但结果总是相同的：除非男人可以展示自己对女人的阳具性掌控，否则女人便体验不到愉悦。我们很容易看到，为何这种想象的活动会引发这般焦虑。焦虑既加速了这一过程，又使之短路。预期的目标是女性的享乐，这尤其具有威胁性。对于男性癔症而言，只有绝对掌控着阳具之人才能带来女性的享乐，即掌控女性的享乐。事实上，女性的享乐常常被视为一种面对强大的阳具力量的失败。癔症没能给他带来这种胜利的属性，因此他只会感觉到，自己受制于那个拥有这一属性者的力量。他在无意识中陷入了向这一阳具力量投降的想象维度。此外，他也在无意识中认同自己的女性伴侣，他的早泄所带来的高潮快感，正如他想象中女人屈服于阳具力量所获得的高潮快感。他越是确信女性的享乐无法抵御阳具力量，他就越是处在没有阳具的位置上，他也越能体验到这种早泄高潮。

在这类男性身上，我们发现了一种重要的幻想建构："真正有男人味的男人。"这些男人在进入女人的那一刻就能让女人高潮，这种"超人"可以让所有女人高潮，他们会报复所有性冷淡的女人，让她们获得多重高潮，让她们沉浸在性快感中求饶，央求男人停下……

第四部分
强迫结构

第十五章 | 强迫神经症的问题

正如倒错和癔症的情况一样，我想要如此开始讨论强迫结构，即思考主体是以什么样的方式来实现其有关阳具功能的欲望。强迫结构并不是一种仅仅出现在男性身上的精神组织。尽管这种结构在女性中更为少见，但它依然可以出现在女性身上，并带有同样典型的症状表现。但是出于简化的目的，我只探讨男性身上的强迫神经症。

精神分析的传统常常将强迫结构视为一种在很多方面与癔症组织截然相对的精神组织。尽管这是一种方便的视角，但也是一种模糊的视角，因为这种对立不仅仅只是相对性的，而且也十分不恰当。这种对立只是基于某些现象性观察，而非基于结构特征。

这类观察的主要目的在于强调一个特定元素，以使这种对立显得更为合理：与癔症不同，强迫症感觉自己的母亲太爱他了。尽管这一点未经质疑，似乎就是原因，但是它无法为强迫和癔症呈现一种表面上的对立，正如一个事实所证明的，我们通常在倒错组织中也能观察到这一情境元素。从诊断的角度来看，我们无法依靠这类观察性因素。

然而，我们在此的确拥有强迫逻辑的一种有价值的成分。强调强迫症觉得自己得到了母亲过多的爱，这也就标记了某种有关阳具功能的特点。事实上，强迫症的确常常体现为这样一个主体，即他被阳具性地投注为母亲欲望的特殊客体。如我们所见，这就是为何强迫症被认为对成为阳具的状态有着一种怀旧倾向。这种渴望主要是由对特定关系的记忆所支撑的，即强迫症与母亲的关系。准确地说，这是母亲跟他的关系。我们经常在强迫症的历史中发现一个母亲最爱的孩子，或者说这个孩子在某个时刻感觉到，他对于母亲而言，处在一个特殊的位置上。

由于阳具逻辑涉及的欲望，这种"特殊"必然使得儿童发展出一种极为早熟的概念，即将自己理解为一个客体，母亲可以在这个客体身上找到从父亲那里得不到的东西。在此，我们遇到了俄狄浦斯辩证的一个拐点，即从成为阳具到拥有阳具的过渡，在这个过程中，母亲在儿童眼中显现出对父亲的依赖，因为父亲建立了她欲望的法则。当然，这是一种儿童所感知和诠释的精神经验。倘若父亲有可能颁布针对母亲的律法，那么这只可能发生在当母亲有可能欲望着她所没有的，但父亲所拥有的东西的时候。

问题就在于对父亲的符号性投注，这种投注最终使得阳具归属于父亲。从成为到拥有阳具的过程，总是要经过这种阳具归属的移置，这种移置只会出现在这种情况下，即在儿童看来，母性话语中一些很重要的事物被指代了出来，即母亲欲望的客体明显依赖于父亲这个人。只有这种依赖的意义可以让儿童走向拥有阳具这一维度。倘若母亲的话语传递出有关她欲望定位的模糊性，那么儿童就会自己建立起一个体系，在其中，正是他自己完全满足了这种欲望。这是强迫结构形成的一个关键点。

严格来说，问题并不在于要取而代之，成为母亲欲望的客体。倘若是这种情况，那么我们处理的就是倒错，甚至是精神病组织的决定性因素。这里的问题在于弥补母亲欲望满足中的缺失，这种弥补的前提是，这种满足在儿童眼中体现为一种缺失。以上提到的模糊性恰好就在于母亲的欲望对父亲的依赖性。在儿童的觉察之外，母亲向儿童所指示的可以被总结为两个不能完全重合的元素。一方面，儿童很好地觉察到了，当母亲的欲望出现时，她依赖于父亲；但是另一方面，母亲似乎无法从父亲身上得到她可能期待的一切。当儿童认识到母性满足中的这种空缺时，他便清楚地认识到要给出弥补途径。

于是，儿童遭遇到了父亲的律法，但是他被这种母性的不满足的信息给捕获了。在后一点上，值得注意的是，在儿童眼中，母亲似乎并不是极为不满足的。母亲的满足中最多有一部分空缺，而母亲试图通过在儿童身上寻求可能的补充来填补这一空缺。正是在这个意义上，也只是在这个意义上，强迫症成了一种被特殊投注的客体，这种投注使得他相信，自己是那个受偏爱的、特殊的孩子。但是我想重申一点，这种特殊只是为了填补母亲欲望满足中的缺失。即便儿童在逻辑上被母亲的话语（在此铭刻出了她的欲望）导向了这种父亲的律法，然而这种弥补仍旧会导致持续的阳具性认同。因此，强迫症总是会感觉到一种让他退行到这种认同的推力，同时他又要服从父性律法及其要求。

尽管为了能填补母性话语中体现的缺失，儿童会主动想要回到成为阳具的状态，但这种退行不可能完全实现。只有通过一种症状性的怀旧，我们才可以看到强迫的欲望经济中的某些结构特征。同样的，由于对符号父亲的再认基于某种模糊性，因此这种再认也会带来某些惊人的表现。正如我们所见，强迫症不断地试图"飞越"其欲望，这种行为便是展现一种持续的怀旧式推动力的方式之一。

第十六章 | 强迫症结构的特征

现在，我们可以开始看看强迫症结构更为细节的特征，以及这些特征是如何区别于症状学的问题。我们尤其可以分离出一些决定着欲望过程的结构特征。首先是一种专横的必须和责任，它们围绕着享乐的强迫组织，伴随着一种提要求的软弱和矛盾情感，这些也是与症状性防御相关的一些特征。其他特征还包括强迫观念，隔离和撤销，仪式化，反向形成，三位一体的罪疚、禁欲和悔恨，以及其他一些临床表现，即弗洛伊德常常所谓的"肛门性格"。

我们从强迫神经症的形成开始讨论，即母亲不满足的欲望成了一种标志，儿童通过这一标志与母亲形成了上文讨论过的一种特殊二元关系。儿童很早就能感知到这种不满足的标志。通常隐藏在所谓的二元关系中的情欲投注这一基质，使得这种信息的传递更为容易，因为这种关系最初就处在一种满足需要、对儿童进行身体照顾的情景中；因此，这就涉及对儿童身体的接触，这种接触带来了情欲快感——享乐。

由于这类享乐是母子关系中不可避免的一部分，因此母亲的力比多经济就成了一种催化剂，使得她欲望的不完全满足成了儿童眼中的决定性因素。在此，我们可以回想起弗洛伊德所说的强迫神经症的性欲病因。这种对神经症的理解，最初的一个方面就是诱惑理论，其在精神分析对神经症的总体理解中起初扮演着主要的角色。然而，不久之后，弗洛伊德就宣称，诱惑的影响其实要小很多，这明显是对他最初立场的一种更正。[①] 然而，这并不代表他真正放弃了更早期的看法。弗洛伊德所放弃的最多是一种信念，即诱惑作为神经症病因的系统重要性；换言之，诱惑扮演着次级的角色。[②]

因此，即便我们无法继续认为诱惑是强迫神经症的构成性因素，但它仍然是一种易感因素。我们应该记住，从历史上来说，弗洛伊德同时描绘了强迫症和癔症的特征，并将强迫症病理从防御神经症中区分了出来，且同时强调了一个事实，即在强迫症这类神经症中，防御过程在症状表现中是占主导地位的。就强迫性神经症而言，弗洛伊德如此引入诱惑这一主题，这对他而言是非常典型的。强迫症在于一种伪装的谴责，即主体谴责自己，因为自己的一些儿童期性活动带来了快感。然而，在与母亲欲望的关系中，儿童期性活动是如何被铭刻这一点，使得症状具有明显的强迫性。根据弗洛伊德（1896）的说法，真正重要的是诱惑阶段之后的性侵犯。结果就是，

---

① 请参见 1897 年 12 月 21 日弗洛伊德写给弗里斯（Fliess）的信（弗洛伊德，1954）。
② 关于诱惑理论的更详细内容及其在弗洛伊德思想中的地位，请参见拉普朗什和彭塔里斯的《精神分析词汇》（*The Language of Psychoanalysis*）（1973）。

力比多的驱力冲动以一种伪装的形式返回了，尤其是以强迫性表象和情感的方式返回。这些元素仅仅是一些初级防御性症状，自我通过调用次级防御过程来应对这些症状。在这些次级防御中，隔离和撤销是最为主要的，对此我们在之后会有进一步讨论。

倘若诱惑并不是一种主要的病因，那么它在母子关系中仍旧起着一定的作用。当我们认为诱惑的影响在于，母亲在早期向儿童意指出，她的欲望是没有被完全满足的，弗洛伊德对于母性诱惑的直觉似乎就有了决定性影响。正如我们之后所见，正是这种不满的能指导致了儿童怀有一种特殊的精神体验，这种体验感觉上像是一种诱惑。

在这种相对关系中，显然是母亲在照顾儿童的身体需要的过程中，刺激并维持了儿童的情欲快感。儿童不禁成了诱惑的一个被动性客体。于是他便被捕获进了这种享乐当中，因为母亲欲望的不满足是意指向他的，这种被动的诱惑便会得以加强，由此产生的享乐会被体验为一种性侵犯。儿童别无选择，只能作为一个参与者去体验这种快感，参与到母亲的特殊享乐中。

我们在强迫症主体身上发现的这种"剩余之爱"来源于这种诱惑，在诱惑中，母亲呼吁儿童来补充她满足的缺失。儿童被呼唤着来填补这种母性享乐的不足，这带来了一种性欲上的被动性，这在男性强迫症的日常幻想产物中体现得非常明显。在大多数这类男性身上，我们都能发现一种对这种被动—侵犯式的诱惑的怀旧痕迹。这种怀旧痕迹体现为一种常见的幻想，即被一个女人诱惑，而自己没有主动涉入，或者说被一个女人强奸。幻想的一个明显特征体现为"护士"，她在照顾病人的过程中通过刺激"病人"来获得性唤起。

这种有关性快感的被动性就是强迫神经症的最主要特征之一，主体通过这种被动性来怀旧式地激起他的阳具性认同。事实上，正是由于这种被动的阳具性倾向，这个注定成为强迫症的儿童开启了从成为阳具到拥有阳具的过渡。而且也正是因此，进入欲望的领域以及律法对他而言都成了问题，这也体现在他与父亲，以及他与父亲之外、唤起父性形象的权威角色的关系中。

儿童必然体验到，从成为到拥有的过渡是有问题的，因为在阳具认同中，他被父亲的侵入所阻碍了。我们很容易理解，为何这种过渡对于这个未来的强迫症而言，成了尤为困难的一项任务。正是在这个一般来说他会遇到挫折的地方，他在一种对母亲的补偿关系中被满足所捕获了。之后，强迫症会一次又一次回忆起，在自己的欲望经济中，这种与母亲之间如此早熟又特殊的快感经验成了多么巨大的障碍。

过早地被母亲所捕获，使得儿童无法调节自己的欲望。事实上，他仍旧是母亲那未满足的欲望的囚徒。更准确地说，当儿童之后有机会来填补这种缺失时，他对母亲的欲望会反过来燃起他自身未被满足的欲望。结果就是，整个欲望过程对于儿童而言都造成短路了。

欲望的动力通常在三重节奏中展开：欲望从需要中分离出来，接着进入到要求中。在强迫的情况下，一旦欲望从需要中分离出来，它便立刻被不满足的母亲夺取，母亲把它作为一种可能的补偿。强迫性欲望的典型特征就在于这种立刻，即母亲立刻起作用了。结果就是，儿童的欲望总是具有一种紧急而专横的需要的特征，因为当欲望一出现，母亲就不会允许欲望保持悬置，直到其被表述为一种要求。

这使得两种基本的结构特征得以形成：一方面，强迫神经症总是具有一种专横需要的特点；另一方面，强迫神经症总是由于在表达要求上显得软弱而受到打击。他在家庭中的受虐式被动，很大程度上是他无法表达要求的结果。因此，他总是试图让他者去猜测和表达他自己欲望的东西，但是从来不会主动去要求。更普遍来说，这种软弱也是一种非自愿的受支配，强迫症很容易让自己陷入这种受支配的角色中。矛盾的是，无法表达要求带来了一种必须接受的责任，这使得强迫症要对一切保持容忍。他觉得自己必须接受一切他无力表达要求的结果，于是他便成了他者享乐的客体。这种被动性态度也就是一种对他者前来施虐的邀请。

强迫症总是不断地抱怨受到虐待，正是这种抱怨让他能够甘心忍受他那该死的症状享乐。享乐的标志明显体现为一种反向形式，这种形式的本质就是在不幸中郁闷地寻思。这背后的原因在于，强迫症倾向于将自己转变为他者享乐的客体，这再次激活了一种幼年情境，在这种情境中，他只能成为一个阳具性角色，即母亲最特殊的一个孩子。这种童年场景带来了一种典型的罪疚症状，这种罪疚来源于一种阉割情境中与母亲之间特殊的、准乱伦式的关系。由于这种对母亲的情欲性固着，强迫症总是极度畏惧阉割；当然，这里涉及的是符号性阉割，我们会看到，这种畏惧最惊人的表达就是联系着丧失的问题，也联系着父亲的律法。

第十七章 | 强迫、丧失、父亲的律法

　　强迫症完全不能忍受丧失，这一点会很明显地体现在日常生活的各个方面。正如他倾向于把自己构建为他者的一切一样，他也必须专横地控制和掌握一切，以便他者无法逃脱他——逃脱也就意味着，他会失去他者。客体的某些元素丧失总是会让他想起阉割，想起自身自恋形象的缺陷。反过来，他要战胜阉割，就是要努力去争取并维持一种相对于母亲（更普遍地说，是所有的女性）的阳具地位。然而，由于父亲的律法总是出现在强迫症的欲望视野中，因此他的罪恶感无法平息。阳具性的怀旧和阉割带来的丧失，此两者之间的矛盾让强迫症处在一个与父亲有关的特定结构位置上。

　　由于父性意象是无处不在的，它不可避免地激发出对强迫症而言非常重要的敌对和竞争关系。强迫症会不断地试图取代父亲的位置（或任何可以代表父亲的角色），这使得"杀死"父亲成了绝对必要的一件事，而这是为了在母亲面前取而代之。这种古老的死亡愿望或多或少会持续地反复出现，而且总是遵循着同样的模式：取代那个在无意识中被投注为符号父亲的潜在代表的他者。

　　这种取代他者之位的问题给强迫症带来了各种为了获取威望的

挣扎，以及各种夸大而痛苦的斗争。这些冲突可以安抚他，使之成为阉割的救赎恩典。由于主人很可能占有强迫症所觊觎的东西，因此主人对强迫症来说是无法忍受的，即便如此，主人还是必须被视为主人，必须维持主人的地位。正如我们在第六章中所见，正是在这个领域，我们可以观察到某些蔑视行为。然而，尽管强迫症需要遇到一个主人，但这和癔症所面临的情景并不相同，癔症是在寻求主人。癔症对主人的蔑视总是为了罢免主人，而对于强迫症来说，主人必须维持在那个位置上。这是强迫症所有竞争的目标，因为试图取代主人之位，就是在竭力向自己保证，这个被觊觎的位置是被禁止的，换言之，父亲是不可能被取而代之的。因此，无法被推翻的主人会隐喻性地不断禁止和谴责那种与母亲之间的情欲乱伦关系，而强迫症就被捕获在这种关系中。

然而，问题在于，让父亲／主人接受检验仍旧是一种持续的活动，这种活动会带来一种内在的拉锯战。一面是父亲的律法，一切都必须为此而牺牲，包括自己；另一面，强迫症要为了自己而定期逃避并控制这种律法。结果就是不断地挣扎，这种挣扎被放置到了多种投注客体之上。在此，我们发现了强迫人格的一些特点，弗洛伊德将之总结为"肛门性格"，比如说，保守和顽固就是强迫症投注的两个特征。

不言自明的是，这些特征从强迫症试图控制享乐，即从占据父亲之位的尝试中，获取了取之不竭的能量。在这方面，强迫症可能是极为强大的征服者，他可以通过调动最为疯狂、最为持久的方式来赢得这一幻想的主导权。但是这毫无用处：一旦达到目标，强迫症立即就会设定下一个目标。此外，他会很快放弃自己已经得到的东西，一旦他掌控了它，就会一脚将它踢开。

在所有这些"表现"中，强迫症总是习惯性地无法认识到，他正在经受阉割。对他来说，阉割代表着回到边界，这一边界代表着一种对完整感的幻想，即他可以获得一种完满的体验。这就是为什么战利品对他而言没有多大的吸引力。更有吸引力的是需要被征服的新事物，是在他为了绝对控制享乐的无尽征服中的下一个战利品。强迫症是追求式胜利者：道路越是艰难险阻，他们越是要踏上这条征途。

强迫症所坚守的一个基本而持久的幻想就是追寻一种没有缺失的享乐，不论付出什么代价，他都必须得到这一享乐。这种坚持反过来展现了一种亲吻自己的嘴巴的幻想（弗洛伊德，1905a）。正如弗洛伊德所指出的，强迫症就是一个顽固的贪婪者，他不断地竭力获得对客体的全能控制。最终，他全副武装，努力从神经症中实现次级获益。

强迫症的另一个典型表现就在于僭越。正如我们所见，强迫症总是会由于自己对父亲的律法的矛盾情感而感到一种撕裂感。由于他需要控制客体的享乐，因此他必然要反抗这种僭越，然而沉重的律法和对律法的依赖（为了逃避无意识力比多冲动的罪疚感）将他拉进了冲突。事实上，强迫症很少会在现实中僭越。他更常在幻想中沉迷于僭越，在此他可以自由地沉迷其中。实际的僭越强于幻想的僭越只发生在一个领域，即性爱和恋爱关系中，僭越在其中总是以行动化的形式出现。

然而，大多数情况下，强迫症以僭越的反面作为伪装来将此行动化。他会强调一种高度严苛的道德要求，公然展现出一种对律法和规则的无条件遵循。他会大力守卫美德，鼓吹建立准则的合理性。他对诚实的关心极为谨慎，有时候甚至会到一种愚蠢的程度："宁死也不肯妥协一丁点！"强迫症在这种法制态度方面达到近乎浮夸和殉道的程度，当然这种法制态度反过来又是与他想要僭越的无意识欲望成反比的。

倘若我们认为圣人最擅长享乐，那么在遇到同样的问题时，强迫症都是最为卑劣的道德主义者，也是最为盲目的狂热分子。他们顽固地保护着秩序和美德，这仅仅意味着，他们对于自己所保护的东西一无所知。在此，我们可以看到最为明显的强迫性防御是如何展开的。比如说，隔离最为本质的任务，就在于将想法、态度、行为与逻辑结果相分离开来。如此被隔离出其情境的精神元素，同时也就被剥离掉了其附着的情感。这一过程的目的在于将连接着被压抑内容的某种情感表象剥离下来。言语过程中的一些固定仪式和停顿就是这种隔离的最常见标志，这是一种系统性的极端防御武器，即在一切场合下（甚至尤其在灾难中）维持自我控制。强迫症表面上要维持清醒的头脑，其实只是基于这种隔离的持续性控制。

这一顽固过程最为突出的一个证据就体现在精神分析治疗的情景中：对基本规则的事实上的漠视。强迫症很乐于抗拒自由联想过程，自由联想会规避这种防御性隔离。在自由联想中，我们要求主体放弃一切对于自己表达的控制，也就是放弃对于任何同时出现、相伴而来的情感的控制。在此，强迫症别无选择，只能对此进行阻抗，他们倾向于常用合理化来列举自己的材料。

在强迫症最喜欢的一种态度中，这种防御体现得最为明显。强迫症是一个很好的研究者，一个很好的观察者，他观察着事物和世界的秩序，也包括他自己，因为他会客观且抽象地将自己视为某种脱离了周遭环境的人。他在观察中所伴有的这种敏锐和清醒，也基于对情感的隔离。此外，强迫症的幽默感（如果确实存在的话）来自一种深刻的妥协，无论如何，强迫症都知道自己主动参与了这种妥协，即被剥离的内在情感与表达这些情感的需要之间的妥协。这种幽默，通常近似于嘲讽，因此是一种很方便的方式，可以在保持警惕的同时卸载情感。因此，强迫症会从这种中立观察的角度来谈论自己，会取笑那个作为他者的自己。

强迫症也会用另一种防御来抗拒情感，即撤销。这种机制使得他能够反对某种想法或行为，并表现得仿佛它从未出现过。在此，我们有一个例子来说明强迫症这种持续的轻视态度。强迫症对于这种防御的使用显示出一种巨大的盲目性，除此之外，这种防御还决定着强迫症让自己所承担的某种羞辱。撤销是一个强制性过程，这种方式的效果在于，它成了一种恰好与主体最初做出的行为相反的行为。它为强迫症带来了有关控制和掌握的一切次级获益。

正如弗洛伊德观察到的，撤销体现了强迫症所挣扎于此的一种持续性冲突，也是对于客体投注的爱和恨之间的古老对立。大多数情况下，正是恨试图撤销爱的元素。此处出现的是一种强迫症的欲望经济中典型的投注和反投注这一双重过程。一旦自己的欲望真正出现了，他就会尽可能地逃离并撤销这一欲望。在下一章中我们会看到，在强迫症的爱恋客体方面，这一辩证过程体现得多么明显。

第十八章 | 强迫症及其爱恋客体

当涉及爱恋客体的投注时，强迫症常常会付出自己的全部，矛盾的是，这种全部既是全也是无："全"的意义在于，他可以牺牲一切；"无"的意义在于，他无法接受丧失。两者并不是互不兼容的。相反，两者都是强迫症用以稳定欲望的策略。

这种策略所围绕的正是他者的享乐，以及强迫症感觉自己必须完全控制、消除这种享乐的一切外在标志。因此，什么都不能动，什么都不能体验为快感，欲望必须是死的。由于强迫症什么也不会为周遭付出，因此他也不会丧失什么。但是，只要他在他者身上观察到一丁点享乐的外在标志，他就会准备牺牲一切，付出一切，以便让一切都回到原样。

倘若丧失的问题是强迫逻辑的核心，那是因为丧失直接指向着缺失。为了避免面对缺失的问题，欲望必须被克服，因为欲望正是由这类缺失所构成的，并不断地由它开启。结果就是，一旦欲望被堵住，它本身就不能再被表达为哪怕最微小的要求。

从这个角度来看，我们可以理解，为何由于这种消除系统，被欲望的客体只有一种方式被投注。它被置于（即被指定为）一个尽可能远的位置，以至于是一个死人的位置。强迫症总是将他的爱恋客体放在一个他觉得很美妙的地方，在这个地方，客体为了可爱以及被爱，必须是装死的。只有在这种环境下，强迫症的欲望机器才运转得最好。倘若他者是"死的"，那么他就无法欲望了，而强迫症就可以安宁下来，因为欲望总是对他者欲望的欲望。在恋爱关系中驱使强迫症的那种永恒要求，依赖于他者的毫无要求，倘若他者有所要求，那是因为他有所欲望。

如此一来，强迫症就可以调用其无限的能量，来让他者不再有缺失，即不再离开自己的位置。因此，他者的世界必须受到严格的管制，正是通过这种完全的管制，强迫症可以控制且主导有所欲望的他者之死。男性强迫症的大量话语都会确证这种谋杀："她什么都不缺""她在家什么想要的都有了""她不用去工作"，等等。由于强迫症似乎要去控制一切，他的女性伴侣会得到完全的满足，不再有任何要求，因此，客体被认为是安全的，不受任何欲望的影响。

事实上，这类主体会过度地倾向于一种浪漫的囚禁。他们会不遗余力地为他者建造一座一级监狱。他们必须不计一切代价地把他者变成活死人和木乃伊；强迫症决不可能吝啬这种奢华，因为只要坟墓里的所爱之人是崇高的，那么就应该给她最好的。这个他者必须接受她的死亡。如果她对任何让她保持这种状态的一切表示不满，那都是不明智的。因为强迫症非常在乎自己给爱恋伴侣付出的敬意是否得到认可。伴侣最高境界的忘恩负义就是不为死去而高兴。在这种情况下，如同在其他情况下一样，强迫症会极度在乎公正。一个女人对别人给予她的死亡般的关怀（为了让她完全满足）忘恩负义，还有什么比这更不公平的呢？

总的来说，强迫症的策略就在于占用一个活着的客体，以便把它变成死去的客体，然后看着它一直保持这种状态。在大多数情况下，这是强迫症与她建立恋爱关系的先决条件。为了实现这一目标，强迫症会将客体变得丑陋，即将她变成一个越来越不受人欲望的客体，从而使她变得崇高，这种方式在某种程度上就是保证她是死去的。此外，在欲望方面，恋爱客体走下神坛还有一个额外的好处，即强迫症可以在持续存在的可能的竞争对手面前，确保对这个客体的想象所有权。

在这一点上，我们要注意到强迫症对其伴侣都有某种拘谨。社会中关于良好品位、良好举止的一系列教育原则也成了合理化这一点的一种方式。这样一来，女性会被谴责而无法展露哪怕一丁点身体，因其不能违背礼仪规则。对于某些强迫症来说，这种理想的准则在于，将女人限制在一种类似于盔甲的服饰中，什么也不会暴露出来。而竞争对手哪怕对这副盔甲瞥了一眼，也证明这个女人堕落得无可救药。

并非所有的强迫症都会让恋爱客体变得不受人欲望。有些强迫症会敏锐地注意到他者身体的性欲化。然而，这种性欲化只有在他者被缩减为一个客体时才是可以忍受的，这种客体可以被展示出来，其光彩只能在想象中反映在其拥有者身上。但是也正是在这种情况下，客体必须是完全寂灭的，甚至是彻底死掉的。只有在这种条件下，它才能变得性感。在某种意义上，性欲客体的功能就像是跑车一样，其理想的角色是保持静止，以便其拥有者可以被欣赏。

另一些强迫症自称与某种类似于女性奢华汽车的东西有着同样的关系，但是这种关系是在智力竞争的领域。从车身到引擎有着一种换喻式的滑动。这种场景涉及将理性的大脑性欲化，除非大脑可以放弃一切模糊的肉体感官倾向，否则它便没有存在的理由。

无论如何，客体都是死掉的。但是强迫症迟早都会遇到某个拒绝扮演这种角色的客体；这些死去的客体在经过杀死他们的各种尝试之后复活了。这种复活尽管微弱，但必然会给体验到童年失败的苦楚的强迫症带来灾难。强迫症可以忍受一切，他不计较，也不放纵，但只有一种情况令其无法忍受，即他者可以体验到享乐而不需要他，不需要他的存在，也不需要他的参与。没有强迫症的同意，没有他的授权，他者是不应该获得快感的。强迫症绝对无法忍受的就是女人敢于挑战，敢于蔑视一切既定的习俗，蔑视这种舒适的死亡状态——若是如此，世界就颠倒了！

一具尸体无法体验到快感。一具有享乐的尸体完全就是个叛徒，因为倘若它有快感，那么它必然有欲望。这是怎么回事呢？这是因为，每个人的欲望总是受制于他者欲望的律法，而这种律法正是强迫症努力想要忽视的。

在强迫症的生活中，他者的享乐这一事实总是表现为某种扰动，经由这种扰动，他试图重新获得控制。强迫症准备好牺牲一切，来让事物回到欲望熄灭的状态。为了让他者再一次成为他的客体（没有享乐的尸体），强迫症可以无限度地慷慨，呈上所有的敬意，采取一切行动。他会制订最意想不到的计划来赢回这个客体，这个逃离了他的客体会让他想起丧失。

在这种偶然的恢复策略中，强迫症会表现得比一个真正的癔症主体更加"癔症"。他会夸张地认同那个他想象为他者的欲望的客体。无须多言，这种奴性常常会适得其反；客体不会被赢回，而只会更加异化。强迫症所采用的这种卑躬屈膝只会向女人证明，他不想失去任何东西。强迫症越是试图成为他者的一切，他越是显示出自己什么也不是。对于他者来说，重要的是要为缺失创造一个空间，因为没有缺失，欲望也无法被维持。因此，强迫症失去资格，乃是在于他没有给缺失留下任何空间，没有给在欲望的动力中造就缺失的东西留下空间。他的一切高超表演、一切效忠的宣誓、一切善意契约都无济于事。女性伴侣不会被这些所欺骗，除非强迫症试图重新获得其好感的尝试，恰好给她提供了从她自身神经症中实现次级获益的机会。这种情况我们常常能在某些女性癔症伴侣身上观察到。因此，一种神经症常常能在症状互补方面唤起另一种神经症。

参考文献

Clavreul，J.（1981）. *Le Désir et la Perversion*（《欲望和倒错》）. Paris：Seuil.

Dor，J.（1985）. *Introduction à la Lecture de Lacan.* Tome I：*L'inconscient Structuré Comme un Langage* [《阅读拉康导论（第一册）：无意识像语言一样被结构》]. Paris：Denoël；English translation：*Introduction to the Reading of Lacan*，ed. J. Feher Gurewich，trans. S. Fairfield. New York：Other Press，1998.

——（1987）. *Structure et Perversions*（《结构和倒错》）. Paris：Denoël.

——（1988）. *L'A-scientificité de la Psychanalyse.* Tome I：*L'Aliénation de la Psychanalyse.* Tome II：*La Paradoxicalité Instauratrice* [《精神分析的非科学性（第一册）：精神分析的异化》《精神分析的非科学性（第二册）：建制的矛盾性》]. Paris：Denoël.

——（1989）. *Le Père et sa Fonction en Psychanalyse*（《精神分析中的父亲及其功能》）. Paris：Point Hors Ligne.

——（1991）. "Manifestations Perverses Dans un Cas de Phobie"（《在恐惧症个案中倒错的呈现》）. *Apertura* 5：95-100.

Freud，S.（1896）. "Further Remarks on the Neuro-psychoses of Defence" （《对防御型精神神经症的进一步评论》）. *Standard Edition* 3：159-185.

——（1900）. "The Interpretation of Dreams"（《梦的解析》）. *Standard Edition* 4-5.

——（1905a）. "Three Essays on the Theory of Sexuality"（《性学三论》）. *Standard Edition* 7：125-243.

——（1905b）. "Fragment of an Analysis of a Case of Hysteria"（《一例癔症个案的分析片段》）. *Standard Edition* 7：3-122.

——（1908a）. "On the Sexual Theories of Children"（《论儿童性理论》）. *Standard Edition* 9：207-226.

——（1908b）. "Character and Anal Erotism"（《性格和肛门性欲》）. *Standard Edition* 9：169-175.

——（1910）. "'Wild' Psycho-analysis"（《"野蛮"精神分析》）. *Standard Edition* 11：221-243.

——（1911）. "Psycho-analytic Notes on an Autobiographical Account of a Case of Paranoia（Dementia Paranoides）"［《对一例偏执狂（痴呆性偏执）自传的精神分析评论》］. *Standard Edition* 12：3-79.

——（1912）. "Recommendations to Physicians Practising Psycho-analysis"（《对职业精神分析工作者的建议》）. *Standard Edition* 12：110-120.

——（1913a）. "On Beginning the Treatment（Further Recommendations on the Technique of Psycho-analysis，Ⅰ）"［《论治疗的开始（精神分析技术方面的进一步建议）》］. *Standard Edition* 12：122-144.

——（1913b）. "The Disposition to Obsessional Neurosis：a Contribution to the Problem of Choice of Neurosis"（《强迫神经症的禀赋：对神经症选择问题的讨论》）. *Standard Edition* 12：313–326.

——（1915）. "Instincts and Their Vicissitudes"（《本能及其命运》）. *Standard Edition* 14：111–140.

——（1917a）. "On the Transformations of Instinct，as Exemplified in Anal Erotism"（《论本能的转化：以肛门性欲为例》）. *Standard Edition* 17：125–133.

——（1917b）. "A Difficulty on the Path of Psycho-analysis"（《精神分析道路上的一个困难》）. *Standard Edition* 17：136–144.

——（1920）. "Beyond the Pleasure Principle"（《超越快乐原则》）. *Standard Edition* 18：3–64.

——（1921）. "Group Psychology and the Analysis of the Ego"（《群体心理学和对自我的分析》）. *Standard Edition* 18：67–143.

——（1923）. "The Infantile Genital Organization"（《婴儿生殖组织》）. *Standard Edition* 19：141–148.

——（1924a）. "Neurosis and Psychosis"（《神经症和精神病》）. *Standard Edition* 19：149–153.

——（1924b）. "The Loss of Reality in Neurosis and Psychosis"（《神经症和精神病中的现实丧失》）. *Standard Edition* 19：183–189.

——（1927）. "Fetishism"（《论恋物癖》）. *Standard Edition* 21：147–157.

——（1938）. "Splitting of the Ego in the Process of Defence"（《防御过

程中自我的分裂》). *Standard Edition* 23：271-277.

——（1940）. "An Outline of Psycho-analysis"（《精神分析纲要》）. *Standard Edition* 23：141-207.

——（1954）. *The Origins of Psycho-analysis. Letters to Wilhelm Fliess, Drafts and Notes：1887—1902* [《精神分析的起源——与威廉·弗里斯的通信、草图和评注：1887—1902（修订版）》], ed. M. Bonaparte, A. Freud, and E. Kris, trans. E. Mosbacher and J. Strachey. New York：Basic Books.

Freud, S., and Breuer, J.（1895）. "Studies on Hysteria"（《癔症研究》）. *Standard Edition* 2：1-305.

Hegel, G. W. F.（1807）. *Phenomenology of Spirit*（《精神现象学》）, trans. A. V. Miller. Oxford：Clarendon, 1985.

Jakobson, R.（1971）. *Selected Writings*（《文选》）. The Hague：Mouton.

Krafft-Ebing, R. von（1899）. *Psychopathia Sexualis*（《性心理病理》）, trans. F. J. Rebman. London：Rebman.

Lacan, J.（1953）. "The Function and Field of Speech and Language in Psychoanalysis"（《精神分析中言语和语言的功能和场域》）. In *Lacan* 1977, pp. 30-113.

——（1956）. "Situation de la Psychanalyse et Formation du Psychanalyste en 1956"（《1956 年精神分析的处境和精神分析家的培训》）. In *Écrits*, pp. 459-491. Paris：Seuil, 1966.

——（1957）. "The Agency of the Letter in the Unconscious or Reason Since

Freud"（《无意识中字的代理功能》或《自弗洛伊德之后的理性》）. In *Lacan* 1977，pp. 146–178.

——（1957—1958）. *Les Formations de L'inconscient*（《无意识的形成》）. Unpublished Seminar.

——（1977）. Écrits. *A Selection*（《拉康选集》），trans. A. Sheridan. New York：Norton.

Laforgue，R.（1939）. *Psychopathologie de L'échec*（《失败的精神病理学》）. Paris：Payot.

Laplanche，J.，Pontalis，J.-B.（1973）. *The Language of Psychoanalysis*（《精神分析词汇》），trans. D. Nicholson-Smith. New York：Norton.

Mannoni，M.（1965）. *Le Premier Rendez-vous Avec le Psychanalyste*（《与精神分析学家的初次会面》）. Paris：Denoël/Gonthier.

Saussure，F. de（1916）.*Course in General Linguistics*［《普通语言学教程（修订版）》]，ed. C. Bally and A. Sechehaye，trans. W. Baskin. Glasgow：Collins Fontana.

Schneiderman，S.，ed. and trans.（1980）. *Return to Freud：Clinical Psychoanalysis in the School of Lacan*（《回到弗洛伊德：拉康学派中的临床精神分析》）. New Haven，CT：Yale University Press.

致　谢

感谢广州医科大学附属脑科医院、广州市心理卫生协会、法国 EPFCL 精神分析协会、法国巴黎圣安娜医院精神分析住院机构的鼎力支持，造就了如今朝气蓬勃的精神分析行知学派。

自 2015 年以来，弗朗索瓦丝·格罗格（Françoise Gorog）女士、让-雅克·格罗格（Jean-Jacques Gorog）先生、马蒂亚斯·格罗格（Mathias Gorog）先生、吕克·弗雪（Luc Faucher）先生等法国同事不远万里来到中国，萨拉·洛多维齐-斯鲁萨齐克（Sara Rodowicz-Ślusarczyk）女士、乔莫斯·维吉尔（Ciomos Virgil）先生、马内尔·雷博洛（Manel Rebollo）先生等欧洲同仁通过线上研讨会，持续地为我们提供理论教学和临床训练，感谢他们的辛勤付出。

感谢广州医科大学附属脑科医院的各位领导，尤其是临床心理科的主管院长何红波先生，临床心理科的彭红军先生、郭扬波先生、徐文军先生以及各位同事。他们既从政策上支持着精神分析行知学派的发展，又为我们提供了许多宝贵的建议。

最后，感谢精神分析行知学派的同事们、成员们。能和大家一起为拉康派精神分析并肩作战，不胜荣幸。可以说，没有大家的共同努力，就没有眼前的行知丛书。